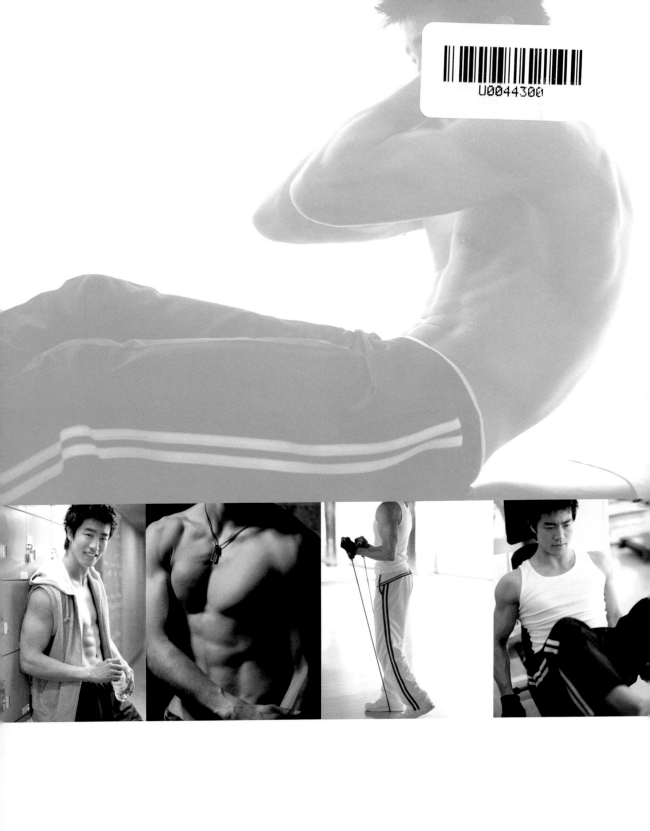

青花魚教練教你打造

王字腹肌

型男必備
專業健身書

讓青花魚和你一起分享
健身的快樂

隨著MBC電視台《星期天之夜》中「車勝元健身俱樂部」這個節目的播出，我「青花魚教練」的外號，也逐漸被大家所熟知了。很多觀眾都好奇問我，為什麼會被這樣叫？原因是，朋友開玩笑說我的身材像醃透的青花魚，結實且富彈性；而且我給人一種親切感，就像一般家庭餐桌上常見的青花魚一樣。大家都覺得這個名字滿符合的，因此就這樣叫了。

其實，最初車勝元邀請我參加《星期天之夜》時，我是有些猶豫的。因為我不知道自己能否融入這樣一個娛樂性的綜藝節

目，而且是全國播出的，很擔心自己說錯話會帶來反效果。然而，由於我的好哥兒們車勝元大哥極力推薦，我也就義不容辭地答應了下來。

　　現在回想起來，參加這個節目，的確是個明智的決定。身為健身教練，能夠為觀眾提供運動方面的基本常識，幫助他們在眾多說法和作法中找到正確的、有用的資訊，是件非常有意義的事。而出版這本書的目的，則是希望與大家分享更多有關健身方面的知識和我的心得。

　　很多人總是先入為主地認為，只有那些時間充裕且意志堅強的人，才能成功減掉贅肉，塑造出結實的肌肉。其實並非如此，很多明星都是在忙碌的工作空檔中擠出時間健身的；也有很多人，是在家輕鬆地健身；甚至有一些人，以自創的方法健身，並成功進行。這些都說明健身並不像我們想像中那麼艱難。雖然健身並不是一件容易的事，但如果你能夠少一些顧慮，多一份輕鬆，懷著放鬆的心情開始，你會發現，它其實並不難！希望那些總是抱怨沒有時間、空間和體力健身的男士們，能夠找到適合自己的、有效的運動方法，也希望你們能夠體會到運動時的快樂，和運動帶給你的生活上的良性改變。

　　一直以為只有博士或醫生才可以出書，現在看到了自己名字後面竟放了「作者」二字，還真有點兒忐忑和緊張呢！不過，有一點我是非常有自信的，那就是：運動時流下的汗水絕不會白流，一定會有所收穫！現在，就讓我們為那些在健身房裡揮汗如雨的「腹肌一族」們，大喊一聲「加油」吧！

青花魚教練 崔誠兆

好的身型
讓自己更有自信

　　當我還是舞者時，每天除了要花長時間排練舞蹈與表演之外；為了能有優美的線條與身型呈現在眾人面前，因此在工作之餘，還需要不間斷的鍛鍊身體。那時才發現，想要呈現一場完美的演出，無論是表演者或是歌者，其背後都要付出相當大的代價。在舞台下面的努力，往往是大家看不到的辛苦，然而若沒有這樣的訓練，也很難在競爭激烈的舞台上立足。

　　雖然上述是在說明身為藝人或表演者辛苦的一面，然而實際上，身處於都會叢林的現代人，也總是有做不完的工作、開不完的會、忙不完的事，肩上總有透不過氣的重擔壓著，情緒也因而受到影響，在無法善待自己身心靈的情況下，很多文明病便開始找上來，同時情緒也較容易失控。待我投入體適能的教育行列後，才發現良好的運動習慣帶給人們的好處，真是數都數不盡；同時我也發現，擁有良好的身型，在工作與人際關係上都能加分許多。理由無他，因為好的身型能帶來自信，同時也因為運動之故，讓情緒有了出口，透過大量的流汗，把身體裡的廢棄髒污全代謝掉了，人因此變得更健康，情緒穩定，自然就開朗起來了。

　　身為一個健身教練，在訓練新教練時，除了期待教練在教學技術層面達到一定的專業水平之外，身型亦能達到專業水準。當我拿到《青花魚教練教你打造王字腹肌》一書時，被同樣是身為健身教練的青花魚的身材與迷人的健康形象所吸引，細讀本書內容，發覺它是一本完整的身體訓練手冊，內容淺顯易懂，加上豐富的練習照片，讓一般讀者都能按圖索驥，想要打造成像青花魚教練一般的「王」字腹肌及性感的「Y」字骨盆曲線，甚至是魅力的「倒三角」背肌，相信都是指日可待的成就！

Blacove 晏

True Yoga Pilates 教育總監
美國有氧體適能協會台灣分會教育總監

健身才是王道
打造自己的「王」字腹肌

　　如果說台灣瘋韓星，那你一定不可能不知道邊唱邊跳著「Nobody～Nobody～But U～～」的Wonder Girl或是「Sorry～Sorry～」的SJ。還有風靡全台的韓劇，裡面的每一位帥哥美女演員。如果你想去渡個假順便幫自己的面子打造新風光，大部分的人腦子裡想的也都是飛去離台灣不遠的韓國吧！

　　但是現在愛美的彩虹雷夢娜我發現了一個秘密，那就是那些我超哈愛死的男明星們，不僅擁有一張迷人的臉，也都有一副令人流口水的好身材！不過男明星們誘人的緊實線條，可都是付出多少汗水和時間換來呢！而秘密的答案就是這些帥哥男明星後面還有一個更重要的推手。沒錯！那就是他們的健身教練啦!!

　　這一位對於哈韓的朋友來說，可能不是太陌生哦！是的！他就是經常上韓國綜藝節目的健身帥教練—崔誠兆，而他還有一個更貼近韓國人每餐必食的鮮美魚料理的別名，那就是──「青花魚教練」。

To男人們：走在路上或是去健身房我們也會瞄別的男人的好身材，又面露羨慕的眼光，心裡也會納悶，如何才能擁有那麼好的體魄呢？現在就花一點小錢帶走這一本書，，好好的研究一下這本健身聖經吧！循序漸進不久的將來就能讓自己變得更吸引人，讓你的另一半對你俯首稱臣，做自己的「王」吧！

To姐妹們：你們也想要男友帶出去很稱頭吧！如果你對男友的身材不是很滿意，買一本回去陪著他規劃健身吧！讓你的男人在家或是今天就加入健身房吧！跟著健身帥教練──崔誠兆也可以輕輕鬆鬆達到「王」的境界哦！

Rainbow
雷夢娜 2010

正確使用
本書的方法

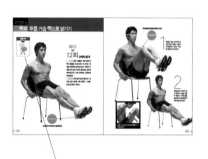

1 請參考下一頁介紹的運動計畫，並進行符合自身體型或運動目的的健身計畫。

2 每週運動2～3次，運動後至少要讓肌肉休息一天，讓因重量訓練時鍛鍊的肌肉，一面再生，一面增長堆積。

3 將意念集中在運動的部位，並在心中默念：「完成了！可以了！」以積極、正面的心態健身，效果會更明顯。注意：要參考左頁方框中的「運動部位」。

4 一定要遵守鍛鍊次數、健身器械的重量及注意事項。盲目地增加運動量並不能使肌肉快速成形，或使體型變得更健美。

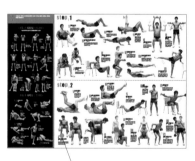

5 即使不能做到規定的次數，也要保證運動姿勢的正確。因為姿勢是決定肌肉形狀的重要因素。

6 保持正確的呼吸法。呼吸方法不正確，會造成運動中出現頭痛等身體異常反應。

7 附錄中的海報，收錄了本書介紹的所有運動方法，可以將它貼在牆壁上或門後，便於平日練習。

找出完全符合
自己身體的運動計畫

1 肥胖體型，想集中消除贅肉
→ 開始實施PART1：7週成功減重11公斤的鄭形敦式運動法〈請參考P.32〉

鄭形敦式的減重計畫，是由不會造成身體不適的有氧運動和提升肌力的運動所組成。從這個計畫開始的話，可以一面塑造出正常體重，一面堆積基礎肌肉。

2 骨感體型，想增胖並增加肌肉量
→ 開始實施PART1：7週成功增重9公斤的李允錫式運動法〈請參考P.52〉

即使是在增胖，也是需要運動的。如果是從李允錫式的7週食療伴隨肌力強化計畫開始的話，可以一面增胖，一面增加肌肉量。

3 想進行重量訓練，但沒時間去健身房
→ 開始實施PART2：利用啞鈴和徒手來培養肌肉的兩階段運動法〈請參考P.74〉

STEP1計畫，對運動經驗不多的人來說，也是無負擔的運動法。若每週3次，持續施行兩週，就可以增加體內的肌肉量了。兩週後再進入STEP2計畫，這一階段的動作較上一階段難，是一面增大肌肉，一面修整肌肉外型的運動法。

4 結束4週的PART2運動計畫後
→請活用提高運動強度的8週計畫〈請參考P.78〉

PART2揭示的兩階段運動法，在4週施行完畢後，並不表示就不用了。請按照P.78介紹的「4週後，兩階段運動法的活用法」來提高運動強度，並塑造出輪廓更加鮮明的肌肉。

5 想要透過集中運動來修飾體型缺陷

→在健身房，實施PART3的各部位集中運動法〈請參考P.140〉

　　PART3是為那些已經結束PART2運動，或做過並熟悉重量訓練的人，針對他們身體較弱的部位，來進行有效強化，所設計的計畫。利用各種器械，針對性地使上腹部、下腹部、肱二頭肌、肱三頭肌等各部位的肌肉更加發達。請參照下頁介紹的肌肉位置，確定好目標部位後，開始做更集中的鍛鍊！

自我檢測肥胖指數

自身體內的成分，可透過醫院或健身房備有的「身體組成分析儀」，正確地偵測出人的肥胖指數。不過如果不喜歡做那樣的分析，我們也可以在家中，根據自身的身高和體重，計算出體質量指數（BMI），從而得知自己是否肥胖。

體質量指數（BMI）
＝體重（公斤）÷身高（公尺）
的平方

● BMI值小於18.5
　　→體重過輕
● BMI值在18.5～22.9之間
　　→體重正常
● BMI值在23～24.9之間
　　→超重
● BMI值大於25
　　→肥胖

全身肌肉位置圖

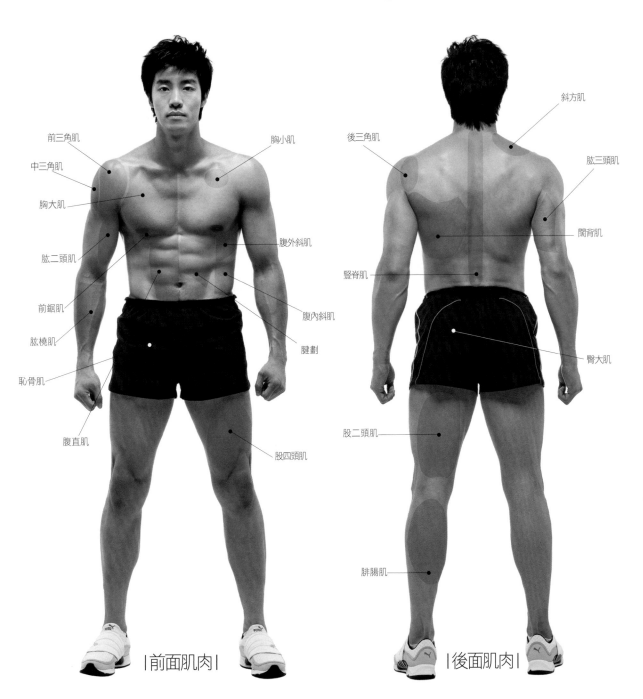

前三角肌

中三角肌

胸大肌

肱二頭肌

前鋸肌

肱橈肌

恥骨肌

腹直肌

胸小肌

腹外斜肌

腹內斜肌

腱劃

股四頭肌

|前面肌肉|

後三角肌

斜方肌

肱三頭肌

闊背肌

豎脊肌

臀大肌

股二頭肌

腓腸肌

|後面肌肉|

目次

Part 1 胖胖男V.S.弱肌男的7週體重變化祕訣

Part 2 在家鍛鍊出肌肉的兩階段運動法

Part 3 塑造各部位肌肉立體感的集中運動法

立刻付諸行動的人
才能擁有好身材

再更強壯，更健美吧！

　　我想先從阿諾史瓦辛格的故事講起。記得《魔鬼終結者2》上映時，阿諾那壯碩的身材，成了下至未發育的小學生，上至中年發福的大叔，所有男性好生羨慕的體格。他那可一拳揮倒一群彈子房不良少年的健壯手臂，強壯又結實，整個人充滿自信，渾身上下還散發著男性獨特的魅力。

　　當時還是初中生的我，自然也拜倒在阿諾的腳下，並將他視為心目中的理想男人形象。對於瘦弱且害羞的我來說，阿諾簡直就是一個超級大英雄。望著他身穿皮夾克，帶著墨鏡的英俊形象，我夢想著有一天也能擁有像他一樣的壯碩身材，自豪地在人群中走著。讓還沒進入變聲期的小男生握起啞鈴，讓韓國掀起一波健身狂潮的始祖，大概就是阿諾了吧！

　　時光飛逝，好多年過去了，但健身熱潮仍不減當年，甚至更熱。電視、雜誌上，經常出現身材健美的明星影像，不斷刺激著人們要健身的念頭，可以說，人人都想擁有好身材的時代已經來臨了。雖然社會上也有一些反對的聲音，擔心人們對於身材過分執著，但我認為，健身的積極作用還是遠遠大於其消極作用的。

　　有句話說，「40歲以後，就要為自己的臉負責」，意思是說，任何人臉

部的一個斑點或一條皺紋，都記錄著他過去生活的歷史。身為一名職業7年的專業健身教練，我在工作中所深切感受到的是，隨著年齡的增加，人們不但要對自己的臉負責，更要對自己的身體負責。人的身體就是一本歷史書，詳細記載著人們生活中的點點滴滴，如實地反映出人們生活的軌跡。很多時候，我能透過觀察一個人的身體，而準確地判斷出他的職業、生活習慣、健康狀態，甚至性格。

根據我的經驗，如果一個人體重正常且身材健美，那麼他多半是一個有著健康的生活習慣和積極世界觀的人。人們大多對苗條勻稱的身材抱有好感，想必也是因為能從對方身上感受到健康和活力吧！

從這裡，讓我體會到，人們熱衷於健身，並不能單純地被認為是為了追求外表的美或帥。也許一開始，你健身的目的是為了想擁有健美的身材，但經過一段時間的鍛鍊之後，你的生活習慣、健康、性格，甚至整個人生，竟也發生了正向的變化。我自身的經歷就是這樣。20歲出頭的時候，我的身高是181公分，但體重卻只有68公斤，算是非常瘦弱的身材。雖然我從小就熱愛各種體育活動，身體也非常健康，但因為體重過輕，總給人弱不禁風的感覺。後來因為一次意外的腰傷，讓我中斷了一直持續的運動，立刻變胖，體重飆升到80公斤。現在我的體重能維持在73～74公斤，則始於我之後開始的重量訓練。運動帶給我的收穫除了「王」字腹肌以外，68公斤和80公斤體重時所不曾擁有的無比自信，更是健身給我的最大禮物。

　　這些變化在諧星李允錫身上，也顯現了出來。透過MBC娛樂節目《星期天之夜》「車勝元健身俱樂部」這個單元，我認識了李允錫，和大家在電視上看到的不同，李允錫私下是個害羞、個性內向的人。但是，隨著節目7週增重9公斤的任務完成，他變得開朗且自信了許多。循著系統化的計畫規律地運動，令他的生活充滿了活力，明顯的鍛鍊成果，也使他更有自信了。

　　現在回想起來，當初我崇拜的阿諾，他身上散發出的男性美，並不只源於他那健美的身材而已，他透過鍛鍊所得到的成就感、自信心和自我尊重感，才是真正令我折服的地方吧！

　　因此，我希望健身熱潮能更猛烈些，更持久些。從你決心搭上健身的熱潮那一刻起，就是你人生開始改變的時候。

好身材絕對不是天生的

運動前攝取多醣類（馬鈴薯、地瓜等）

1組做10次，共四組

「7個禮拜，幫諧星鄭形敦減肥，能減多少算多少！」這是MBC《星期天之夜》「車勝元健身俱樂部」，突然交給我的一道難題。就這樣，在這偶然的情況下，經車勝元介紹，我參與了這個節目。對上電視做節目，我完全沒有經驗，也完全沒想到要為節目做效果，以提高收視率，不過，對完成任務，我卻是非常有信心的，因為我完全相信系統訓練的效果。7週內減個5～10公斤，我相信絕對可以做到。

不過要立刻開始鍛鍊，是有些棘手的。因為鄭形敦是個與運動「絕緣」的人，據說生來最討厭的事就是健身。再加上他周圍的朋友，總是在他耳邊說一些諸如：「如果你瘦下來，人氣肯定也會下降。」的話，使他的意志更加動搖。更要命的是，身為演藝人員，他的行程排得滿滿的，幾乎天天都有錄影，這顯示了連基本的鍛鍊時間都得不到保障。因此，為配合他的狀況，我利用了球類和跳繩等運動器具，來作突破。即使是在他狀況不太好的日子，也盡量讓他做一些他喜歡的球類活動。總之就是盡量製造機會，讓他多活動身體。

就這樣，隨著鍛鍊的持續進行，鄭形敦發現自己的身體起了一些可喜的變

化。比如原來他患有非常嚴重
的失眠，但自從開始鍛鍊後，
睡眠狀況得到了很大的改善；
另外，之前愛吃宵夜的習慣也
自然而然地改掉了。親身體驗
到鍛鍊的效果後，鄭形敦開始
全身心地投入健身世界，意志
力也變得更為堅定，並且能夠
很好地完成我為他制訂的健身
計畫。7週之後，鄭形敦成功
地減掉了11公斤的體重。

　　堅持健身多年的車勝元認
為，人體是一面鏡子。只要
你努力了，努力的結果就會真實地在你身上呈現。鄭形敦就是一個很好的例
子。他健身時流下的汗水，換來了更加健康的身體和輕盈的體態。也許有些
事是再怎麼努力也是白費，但運動卻是「只要做了，就會有效果」的。

　　我們羨慕的那些明星們，他們之所以能夠擁有傲人的身材，是與他們
的努力分不開的。世界超級男模，被稱為「活雕塑」的瑞典籍帥哥Marcus

Schenkenberg，他的胸肌堪稱完美，這正是有規律的鍛鍊和健康的生活習慣，帶給他的回報。電影《300壯士》中的傑哈德巴特勒也是如此。4個月的斯巴達式訓鍊，使他擁有了結實而有彈性的性感腹肌，6塊肌肉清晰可見（不過那是屬於為電影拍攝而進行的短期鍛鍊，並不適合一般人）。

曾經看過一集脫口秀節目，節目中申愛羅提到她的丈夫車仁表，說他是個一刻不得閒的男人。即使是在看電視，手裡也要握個啞鈴舉上舉下，或者徒手做操。由此可以看出，車仁表那健美的身材，也是透過他不懈努力而換來的。

我有一位健身會員，是個電影演員，他曾經半夜兩點打電話給我，說要見面，不是要一起喝酒吃飯，而是要健身。雖然我嘴上含糊地說沒有專門在夜晚做的健身項目，但心底卻對他非常敬佩。拿繁忙的日程當藉口，稍微偷懶一下也無可厚非，但他比我這個教練還要嚴格要求自己，我反而從他身上學到了不少東西。

沒有人天生就是好身材的。如果某人擁有完美的身材，那他背後一定隱藏著他付出的許多努力和汗水，好身材就等同於是一張優秀的成績單。現在，請大家好好審視一下自己的身體，看看它對你說了些什麼？你的成績單又有多少分呢？

只要4週，光明就來臨了

「雖說人的身體就像一面鏡子，但我為什麼努力了半天，卻總是看不到成果呢？」有此疑問的人應該好好想想，自己鍛鍊方法是否出了什麼問題。

重量訓練是最有效的塑身和使肌肉發達的鍛鍊方法。但也會因錯誤的方法或姿勢，而導致鍛鍊了不該鍛鍊的肌肉，或是意外受傷。因此，建議大家，要藉助專業健身教練或專業書籍的幫助。

專業的健身教練不但能夠為你制訂有系統的運動計畫，指導你採用正確的方法和姿勢，還能夠在鍛鍊過程中為你加油打氣，督促你順利完成各種訓練。另外，為你制訂適合你的健身食譜，也是教練的職責之一。大家或許聽說過，有演藝明星在幾個月內減掉了數十公斤的體重，或是在短時間內就練出了「王」字腹肌，其實這些都是有專業健身教練的幫助，才達到的。

根據我的執教經驗，大部分人在練習時最感艱難的階段，就是重量訓練進行到第2週至第4週的這段時間。重量訓練的初始階段，主要是使練習者熟

悉基本的姿勢和器械的使用方法，而練習者因為剛剛接觸這些內容，新鮮感和好奇心會幫助他們很好地完成訓練；但時間一長，練習者就難免產生枯燥和厭煩的情緒；再加上肌肉形成或是減肥的速度，似乎總不如自己想像的那樣快，就更容易產生放棄的念頭了。

相信喜歡跑步的人都聽過「Runner's high」這個詞。一般人在跑步開始的前十幾分鐘會感覺很累，心臟彷彿要跳出來一樣，但如果你堅持下去繼續往前跑，會漸漸感覺疲勞感消失，腳步也越來越輕鬆，反而越跑越有勁兒，到後來身心愉悅得使你不想停下來。這種達到忘我境界的感覺，就叫做「Runner's high」。

重量訓練進行到第4週後，你會慢慢感受到類似「Runner's high」的感覺。反覆鍛鍊的肌肉開始變得強壯和發達，做動作的時候也不會像開始那樣那麼費力了。隨著鍛鍊的效果逐漸顯現，你的信心也會大大地增強。但遺憾的是，很多人無法堅持完這4週，就中途放棄了。因此我想告誡大家，當你產生放棄的念頭時，不妨回憶一下當初下定決心鍛鍊時的心境，想想自己的目的是什麼，從而督促和警醒自己，增強繼續鍛鍊下去的勇氣。

有的人健身是為了減掉贅肉，擁有更健美的身材；有的人則是為了使肌肉更加發達，身體更加強壯。可是如果你半途而廢的話，那在你身上就不會發生

任何改變。只有能夠忍受住4週的煎熬，勇於挑戰自我的人，才能感受到健身帶給你的驚人變化。

　　希望我的這本書能為那些在鍛鍊時感到疲憊的人帶來信心和力量，成為他們貼心的私人教練。在我做私人教練的日子裡，我深刻地感受到教練和練習者之間保持友好緊密關係的重要性。雖然沒有共享各自私人生活的必要，但如果兩個人之間能產生默契，鍛鍊的效果就會非常明顯。重量訓練是一項孤獨的運動，也是一個不斷挑戰自我的過程。如果這時有一個人在你身邊不斷地鼓勵你，指導你，為你加油打氣，這將會產生巨大的力量。這也就是在本書中，我不僅單純地介紹了一些鍛鍊的方法，還與大家分享了許多我個人健身心得的原因。希望讀者能因此感到親切，或與我產生某種默契，說不定鍛鍊效果就會加倍！

　　最後，針對「怎樣才能擁有健美的身材和夢想中的『王』字腹肌呢？」這個問題，我的回答是：「就從現在開始鍛鍊吧！」這個答案聽起來似乎有些不夠誠意，但事實就是如此。雖然「王」是伴隨鍛鍊而自然產生的結果，但它絕不是從天上掉下來的，它需要的是，能「現在立刻」開始的勇氣和決心！

胖胖男v.s.弱肌男的
7週體重變化祕訣

Part

只用了7週的時間，
就讓胖胖男鄭形敦成功減重11公斤，
弱肌男李允錫增重9公斤
並擺脫了「國民弱肌」的稱號，
在他們身上發生的驚人變化，
都是青花魚教練
細心指導的結果。在本章節中，
從MBC電視台《星期天之夜》
「車勝元健身俱樂部」單元中
未曾公開的特效運動法，
到減肥、增加肌肉量的食譜，
都將為你一一呈現。

胖胖男v.s.弱肌男
的運動日誌

狠下心豁出去！並堅持下去！

由於和我一起健身3年的電影明星車勝元大哥的一通電話，讓我的肩頭又多了一項任務，他要我在MBC電視台《星期天之夜》「車勝元健身俱樂部」單元中，替鄭形敦和李允錫這兩位體型極端的諧星，量身訂制健身計畫，讓他們在7週的時間內，最大限度地減肥和增重。而之後的結果，想必大家也都知道了，透過節目，鄭形敦減重11公斤，李允錫增重9公斤，效果可以說是相當驚人的。

在本章節中，我將為大家詳盡介紹節目中使用的該計畫。如果你嚴格按照這個計畫去做，就算沒有專門教練在旁指導，也能獲得不少於鄭形敦和李允錫的巨大收穫，我對此非常有信心。不過，正所謂天下沒有白吃的午餐，按照我的方法訓練，你必須做到每週至少鍛鍊3次，每天帶便當上班，遠離酒宴和各種飯局，過一種類似「修道者」的生活。不過，你只需實行7週即可。順利地度過這7週，等待你的將是更加充沛的體力，和更加完美的身材。「你投入到運動中的時間，和你得到的成果成正比」，在運動裡，人人都是平等的，這就是運動的魅力所在。而且說不定，你會從此深陷其中而無法自拔呢。

想變成標準體重的胖胖男運動原則

像鄭形敦這種因缺乏運動而導致體重超標的類型，他鍛鍊的核心內容就是：透過持續的有氧運動來燃燒體內脂肪、增加全身的肌肉含量，以及增強基礎體力。為了有效實現這一目標，我建議他進行間歇訓練（Interval Training）和循環訓練（Circuit Training）。

所謂的間歇訓練，顧名思義，是指區隔出費力的運動和簡易的運動，間歇進行，來調節運動強度和時間的一種有氧運動。比如，我們要在跑步機上跑30分鐘，就可以區隔出以

時速5公里的速度走5分鐘，和以8公里的速度慢跑5分鐘，然後重複6次這兩項運動。這樣將強度和時間相結合，可以有效地提高運動量、增加卡路里的絕對消耗量，並增強減重所需的心肺能力和耐力。此外，在進行這種訓練時，即使是強度較低的運動，其氧氣的攝取量也非常高，因此減肥效果能夠達到一般訓練法的3倍。但是，雖然間歇訓練對減少體內脂肪很有效，但如果你要防止肌肉量因此而減少的話，還必須配合重量訓練才行。

想增加肌肉的弱肌男運動原則

一般人大都認為「多吃少運動」就能增重，但其實增重並不是一件簡單的事。我們要增加的不是脂肪，而是肌肉，這才是健康增重的方法。因此，李允錫的鍛鍊焦點必須放在增加肌肉量上。

之前，鄭形敦的鍛鍊內容是增加全身的肌肉量以及大量消耗卡路里，而李允錫的則正好相反，他需要進行的是胸部運動、腹肌運動、肩部運動等針對各個部位的連續的運動。與鄭形敦那種整體鍛鍊時間短、各組之間的休息時間長、全身要不停運動的方式比起來，李允錫的鍛鍊內容似乎輕鬆了許多，不過做動作時要求要提高瞬間強度、動作要迅速以減少不必要的

要注意腰部

利用慢動作來運動三角肌

允錫胸部軟弱的肌肉

運動前攝取多醣類（馬鈴薯、地瓜等）

形敦的菜單：雜糧飯、雞胸肉、花椰菜、蕃茄、水煮蛋、沙拉

卡路里消耗、要集中增大肌肉等，也不是能輕易做到的。

為了不使體內脂肪進一步減少，輕鬆地做10分鐘有氧運動是非常必要的。如果你沒有任何健身經驗，也可以透過全身的暖身運動來減少肌肉受傷的可能。運動時注意應從強度最低的項目開始，並牢記正確的姿勢和呼吸方法。

| 胖胖男V.S.弱肌男的運動特性和戰略 |

		胖胖男	弱肌男
有氧運動	時間	●實施至少40分鐘以上的交替訓練（以時速5公里的走步和時速8公里的跑步，每5分鐘交替進行）。	●以最短10分鐘，最長不超過20分鐘的時間來實施（時速5公里的走步）。
	時機	●在重量訓練後實施。 ●在沒有安排重量訓練的日子也實施。	●在重量訓練前實施，輕鬆地讓身體發熱。
重量運動	種類	●實施均衡鍛鍊全身肌肉的循環訓練。	●分別針對胸部、腹部等各部位做集中鍛鍊。
	時間	●每週3次，每次2小時。	●每週2次，每次1小時。
	速度	●每組之間休息20秒，每個循環之間休息30秒，以較快的速度來施行。	●每組之間休息30秒，部位更換前休息1分鐘。時間充裕地來進行。
	強度	●以低強度、多次，反覆進行。	●高強度、快速運動，短時間內就結束。

CASE 1

諧星胖胖男**鄭形敦**
7週減11公斤的秘訣

開始前的生活型態如何？

鄭形敦的問題在他將近100公斤的體重，和已經威脅到健康的腹部肥胖。平常往來電視台之間時，都是以車代步，錄影的空檔時間也大都泡在網咖，所以鄭形敦的運動量幾乎是等於零。在生活作息方面，他每天中午12點開始錄影，錄到晚上12點，凌晨四、五點入睡，第二天到中午才起床，這種日夜顛倒的生活模式，也是一大問題所在。而體重增加的最大原因，還是他晚上的暴飲暴食，並且以速食麵或烤肉當宵夜的不良飲食習慣。

該如何運動呢？

高度肥胖再加上零運動量，使得鄭形敦在跑步機上只快步走了5分鐘就感到頭暈眼花、呼吸急促，心肺能力的低下可見一斑。雖然經常要錄影，無法固定運動時間，但他還是盡量早晚抽出時間來進行鍛鍊。在沒有鍛鍊計畫的日子裡，他也會從錄影現場徒步一小時走回家，並配合適量的跳繩運動，以確保鍛鍊的間隔時間不超過兩天。

當鍛鍊進行到第3週的時候，鄭形敦的失眠症有了很大的改善，能做到每天凌晨一點入睡，次日早上10點起床的作息，宵夜也不再暴飲暴食了。每天他都能在自己身上發現一些好的變化，這也使他開始有了想主動鍛鍊的欲望。有一次，他居然因為不想喝酒而拒絕參加自己的生日聚會，還打電話向我求救。在他自己的努力下，這段時間的減重效果最為明顯，第3週到第4週一共減了5～6公斤。

進入第5週後，身體慢慢適應了鍛鍊的強度，減肥也進入了停滯期。針對這種情況，我有意將運動的絕對強度降低，用每天2小時的籃球比賽代替之前的重量訓練。鄭形敦非常喜愛球類運動，我也希望他能以一種愉悅的心情來對待健身這件事。在飲食方面，我稍稍對他放鬆了一些要求，允許他吃一點他非常想吃的食物，比如烤五花肉。也許是心情輕鬆、壓力減少的緣故，他的減肥速度又開始加快了，第5週到第7週一共減了4～5公斤。

該怎麼吃呢？

飲食習慣的改變刻不容緩。我將限制的食物和推薦的食物區分開來，以表格的方式提供給他，並叮囑他即使是可食用的食品也要減少攝取量。另外很重要的一點是「多餐」，因為如果食量突然減少，體力會跟不上，這樣健身就很容易半途而廢，因此，為了減少空腹感而又不增加胃部的負擔，可以每隔三、四小時攝入少量食物。「少量多餐」是防止暴飲暴食最有效的辦法。

鄭形敦的飲食安排是這樣的：上午10點進食少量早餐，午餐和晚飯用下表中的食物做成便當，每隔4小時分3次吃完。一般減肥的時候大都建議「晚上7點以後不要吃任何東西」，但其實最好是配合自己的生活習慣來安排進食時間，最後一餐控制在睡前3小時攝入即可。另外，為了減輕運動疲勞、補充因減肥而導致的營養不良，一定要配合服用綜合維他命。

限制的食物	推薦的食物
高脂乳製品、酒、菸、碳酸飲料、果汁、年糕、麵包、麵條、雞皮、肥豬肉、油炸食物、人造奶油、美乃滋、炸醬麵、速食麵、鹹辣食物、白米、麵粉、白糖、餅乾、糖果、巧克力	魚類、蛋白、豆類、玉米片、馬鈴薯、地瓜、草莓、蕃茄、橘子、柳橙、甘藍菜、火雞、雞胸肉、牛肉、鮪魚、生魚片、章魚、香菇、辣椒、蒜、雜穀飯、海帶、豆腐、綠茶

一天的菜單

早餐 1/2碗雜穀飯和蔬菜類　**配菜**   富含纖維質的玉米片和牛奶

便當
（一次的份量）

 + + + + + +

煮雞胸肉一塊　煮雞蛋白2個　聖女蕃茄5個　青花菜5小朵或彩椒1個　蒸地瓜1個　香蕉1根　蔬菜沙拉1小盤

※ 便當按照以上的份量準備3份，早餐後每隔3～4小時分3次吃完。
※ 蔬菜沙拉用甘藍菜、白蘿蔔、黃瓜、紅蘿蔔等，和醋攪拌後食用。

跟著鄭形敦這樣減重

實戰運動計畫（每週做3次）

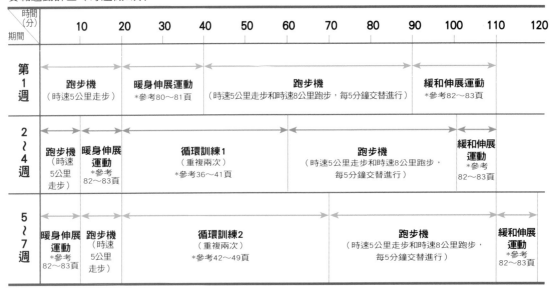

時間（分） 期間	10	20	30	40	50	60	70	80	90	100	110	120
第1週	跑步機 （時速5公里走步）	暖身伸展運動 *參考80～81頁		跑步機 （時速5公里走步和時速8公里跑步，每5分鐘交替進行）						緩和伸展運動 *參考82～83頁		
2～4週	跑步機 （時速5公里走步）	暖身伸展運動 *參考82～83頁	循環訓練1 （重複兩次） *參考36～41頁			跑步機 （時速5公里走步和時速8公里跑步，每5分鐘交替進行）				緩和伸展運動 *參考82～83頁		
5～7週	暖身伸展運動 *參考82～83頁	跑步機 （時速5公里走步）	循環訓練2 （重複兩次） *參考42～49頁			跑步機 （時速5公里走步和時速8公里跑步，每5分鐘交替進行）				緩和伸展運動 *參考82～83頁		

第1週

1 升高體溫，提高柔軟度 體重超重的人大都缺乏運動，身體的柔韌度也較差。簡單的有氧運動可使體溫升高，身體放鬆，然後再配以適當的暖身運動，就會使身體處於一個良好的準備狀態。

2 暖身運動的時間要足夠 每個動作做20秒左右，使身體慢慢放鬆舒展開來。比如坐在地上壓腿的時候，上身要一點一點地往下壓，不要一下子就去搆腳，應該慢慢進展。另外注意不要摒住呼吸，做動作時呼氣，放鬆時吸氣。

3 透過間歇訓練提高有氧運動的效果 時速5公里的走步和時速8公里的跑步，每5分鐘間歇進行，可以減少運動的枯燥感。持續做40～50分鐘。

4 緩和運動和暖身運動同樣重要 緩和運動可分解運動時體內產生的乳酸和其他導致疲勞的物質，幫助身體快速恢復，為下一個練習做好準備。

第2～4週 1 **輕鬆地做的暖身運動和緩和運動** 與第1週適應期相比，練
習者身體的柔韌度會好很多。所以這段時間的暖身運動可以縮短為10
秒，但動作仍與之前相同。

2 **實施可有效減輕體重和增強肌力的循環訓練1** 減重是當務之急，因此我建
議實施由有氧運動和重量訓練（比例為2：1）組成的循環訓練法。重量訓練最好用自身的重
量代替器械。

第5～7週 1 **實施循環訓練2** 提高重量訓練的比重，使其與有氧運動的比例為
1：1，將重心放在進一步提高肌力上。用球或拉力器可以增強運動的
效果和趣味性。

2 **啞鈴要選重量最輕的** 以最多能舉起20次，再多舉1次都會費力的重量為準。

7週後的結果如何？

此計畫結束後，體重會減輕，體內脂肪
也會減少，但肌肉量仍能維持之前的水
平。高度肥胖的鄭亨敦（參考右表）雖
然在鍛鍊後仍未能達到標準指標，但與
標準指標之間的距離已經大大縮小了。
最初他只能在橫槓上懸掛5秒鐘，訓練
後已經可以達到20秒，肌持久力有了
明顯的提高。另外，他的腹部肥胖現
象也明顯改善。「現在我能自己穿襪子
了。」說這句話的時候他很得意。

身高 176cm

	標準	Before	After
體重	65~70kg	99kg	88kg
體脂肪	15~25%	32.5%	29.6%
肌肉量	59~65%	56.5%	61.5%
腹部皮下脂肪厚度	1~2cm	3.2cm	2.8cm

循環訓練 1 在運動2～4週間實施

※參考34～35頁的實戰計畫來做

全身

展臂原地跳

20次

運動效果

全身暖身

1 直立，雙腳打開，比肩稍寬，然後向上跳。一邊跳一邊將雙臂側伸到肩的高度。

2 雙腳打開，比肩稍寬，然後向上跳。一邊跳一邊將雙臂側伸到頭部上方擊掌，擊掌一次後重複動作1。

胸部

並膝伏地挺身

8次

運動效果
強化胸大肌和胸小肌的彈力

1 雙膝並攏靠在地上，雙臂張開，與肩同寬，撐起身體，這時雙腳腳踝交叉。

2 兩肘向外彎曲，使身體下降，這時吸氣，在最低點停1秒鐘，然後雙肘伸直，撐起上身，再呼氣。注意下落時吸氣，撐起時呼氣。

肩部

下壓 肩膀

左右各10秒

運動效果
伸展整個肩部

1 雙腿與肩同寬屈膝跪地，俯身向下，雙臂盡量向前伸直。

2 將上半身的重心放在肩部，向左向右各下壓10秒。

全身

左右踏步

20次

運動效果
消耗熱量，提高身體敏捷度

1
雙腳打開，比肩稍
寬站著。上身前
傾，雙臂展開，保
持平衡。

2
左腳向左邁出一步，右腳跟
上，然後左腳再邁一步，右腳
再貼上，最後左腳再邁出一
步，右腳再跟上，這是一次完
整的動作。之後進入動作3。

3
反方向，右腳邁出一步，左腳貼
上，右腳再邁出一步，左腳再跟
上，最後右腳再邁出一步，左腳
再跟上，此為一次完整動作。之
後再重複動作2。

全身

俯身雙腿交替跳

15次

運動效果
提高全身肌力

臀部和上身向下，俯身後，雙臂撐地。右腿彎曲靠近胸部，同時左腿盡量向後伸直，然後換另一側重複此動作。注意腿部與身體應呈一條直線。

背部

俯臥仰上身

10次

運動效果
刺激整個背和腰部

1 雙手放於耳側，身體向下俯臥。

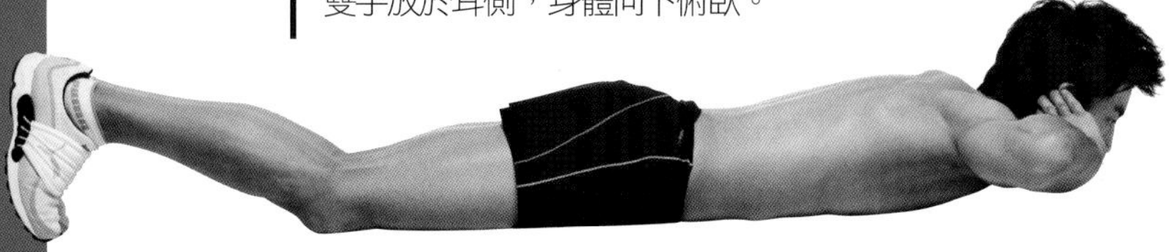

2 上半身向上仰起，胸部離地，注意頸部打直，不要後仰。身體抬起至最高點停1秒鐘，然後恢復至動作1的起始姿勢。

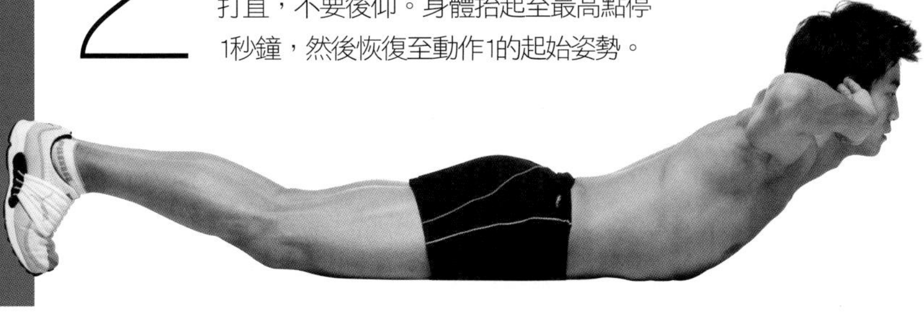

背部

上身左右拉伸

左右各10秒

運動效果
放鬆整個背部

1 雙手手指交叉，雙臂向前伸直，背部前傾成弧狀。

2 上身傾向一側，停10秒，再向反方向傾，停10秒。

全身

抬膝原地跑

50次

運動效果
消耗熱量

雙臂用力前後擺動，膝蓋上抬至大腿呈水平，原地跑50次。結束後休息20秒再進行下一個動作。

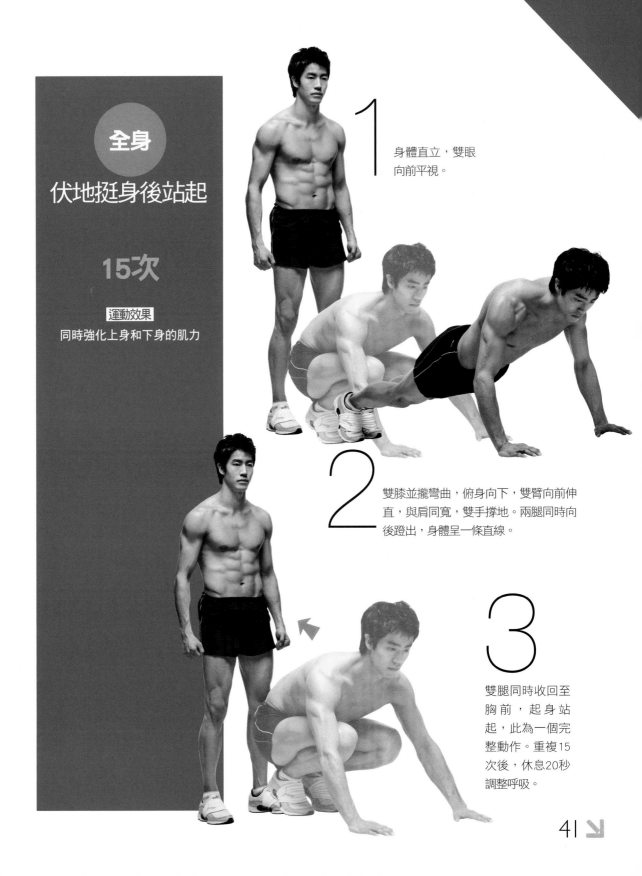

伏地挺身後站起

15次

運動效果
同時強化上身和下身的肌力

1
身體直立，雙眼
向前平視。

2
雙膝並攏彎曲，俯身向下，雙臂向前伸
直，與肩同寬，雙手撐地。兩腿同時向
後蹬出，身體呈一條直線。

3
雙腿同時收回至
胸前，起身站
起，此為一個完
整動作。重複15
次後，休息20秒
調整呼吸。

循環訓練 2

※參考34～35頁的實戰計畫來做

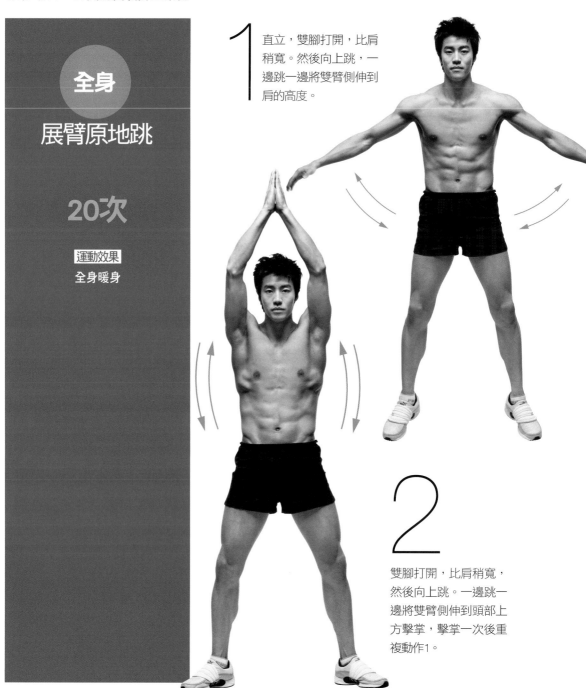

全身

展臂原地跳

20次

運動效果
全身暖身

1 直立，雙腳打開，比肩稍寬。然後向上跳，一邊跳一邊將雙臂側伸到肩的高度。

2 雙腳打開，比肩稍寬，然後向上跳。一邊跳一邊將雙臂側伸到頭部上方擊掌，擊掌一次後重複動作1。

胸部

啞鈴舉至胸上方

12次

運動效果
強化胸大肌上部

1 仰躺凳上，將啞鈴舉至胸部正上方，掌心向前，並攏啞鈴。

45°

2 一面吸氣一面屈肘，使上臂下降至與肩膀保持水平，停1秒，然後恢復至動作1的起始姿勢，同時呼氣。

肩部

扶牆扭上身

左右各10秒

運動效果
放鬆整個胸部

右腳向前一步地站著，左手扶牆，上身向外扭轉同時吐氣，維持姿勢10秒。再反方向重複相同的動作。

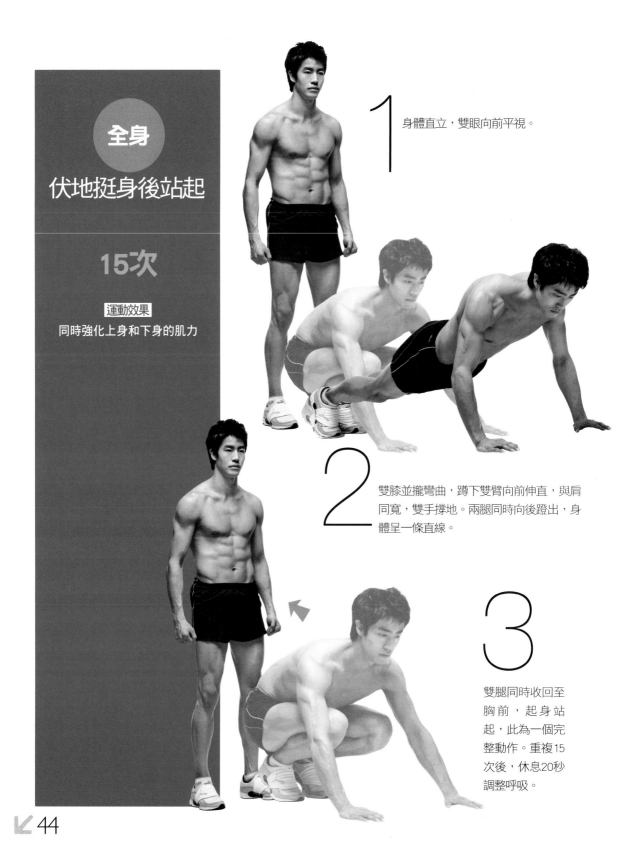

伏地挺身後站起

15次

運動效果
同時強化上身和下身的肌力

1 身體直立,雙眼向前平視。

2 雙膝並攏彎曲,蹲下雙臂向前伸直,與肩同寬,雙手撐地。兩腿同時向後蹬出,身體呈一條直線。

3 雙腿同時收回至胸前,起身站起,此為一個完整動作。重複15次後,休息20秒調整呼吸。

大腿

手持啞鈴屈膝

左右各10次

運動效果
強化股四頭肌和臀大肌

腿部向後拉伸

左右各10秒

運動效果
伸展整個腿部

1 肩膀放鬆，雙手持啞鈴於體側，雙臂自然下垂。

2 右腳向前邁出一大步，屈膝，在後腿膝蓋快碰到地板前，恢復至動作1的姿勢。直接反方向再重複此動作。

雙手抓住腳尖，膝蓋向後彎曲至腳跟接觸臀部，保持10秒鐘後，立即換腿重複此動作。

背部

上身左右拉伸

左右各10秒

運動效果
放鬆整個背部

拉彈簧拉力器

15次

運動效果
強化闊背肌

1 雙手手指交叉，雙臂向前伸直，背部前傾成弧狀。

2 上身傾向一側，停10秒，再向反方向傾，停10秒。

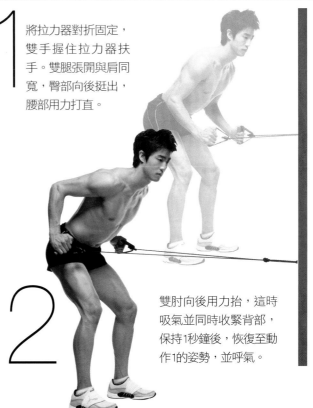

1 將拉力器對折固定，雙手握住拉力器扶手。雙腿張開與肩同寬，臀部向後挺出，腰部用力打直。

2 雙肘向後用力抬，這時吸氣並同時收緊背部，保持1秒鐘後，恢復至動作1的姿勢，並呼氣。

腰側

腿側踢

左右各20次

運動效果

強化腰側彈力，及臀大肌肌力

1 單手扶牆，抬起一側腿，直到腿與身體呈一直線。

2 下腹部與臀部保持用力，腿部向上踢起至與地板平行的高度，然後恢復至動作1的姿勢。

腹部

抬腿半仰臥人起坐

10次

運動效果

強化上腹部

1 身體平躺，雙腳置於健身球上。雙手放在耳邊，頭部微微抬起。

2 下巴向胸部靠近，眼睛看著肚臍方向，呼氣的同時將身體向上拉起，停頓1秒鐘後，恢復至動作1的姿勢。

腹部

俯臥雙肘撐地

20秒

運動效果
強化整個腹部肌力

俯臥上身上仰

10秒

運動效果
放鬆整個腹部

1 身體俯臥在地板上，雙肘彎曲貼於體側，手掌向下。

2 放鬆肩部，完全利用肘部和手部的力量將上身抬起，並保持此姿勢20秒。

1 雙手置於肩部兩側俯臥，雙眼直視前方，雙腳腳尖點地。

2 雙手撐地，一邊吸氣一邊仰起上身，然後在呼氣的同時頭部繼續向後仰，並保持10秒鐘。

俯臥於健身球上並抬腿

15次

運動效果
強化腰部柔軟度及彈力

1 身體平趴在健身球上,雙手手掌扶地,雙腿保持與地板平行。

2 利用健身球的反作用力和彈性,將雙腿向上高高蹬起,然後恢復至動作1的姿勢。

平躺屈膝

10秒

運動效果
放鬆整個腰和背部

1 身體平躺,雙膝向腹部彎曲,雙手握住雙膝,雙掌緊握。

2 一面呼氣,一面將膝蓋向胸部方向收緊,增加對整個背部肌肉的刺激。

適合胖胖男鄭形敦的
有氧運動大探討

一定要做有氧運動嗎？

有人認為做有氧運動只是單純地為了減肥，這是一種錯誤的看法。有氧運動對減少脂肪有不容忽視的功效，不過在進行肌力運動時，也一定要配合實施有氧運動才行。在做肌力運動之前，充分做好有氧運動，可使人體溫慢慢上升，並防止身體因突然開始劇烈運動而產生的不適或受傷。而且隨著體內脂肪的減少，肌肉量也會自然地逐漸增加，這樣一來重量訓練的效果也跟著提高了。此外，有氧運動還具有減輕壓力、改善血液循環、提高呼吸器官的功能、增強消化能力、促進體內老廢物質的排出等卓越效果。有氧運動和重量訓練就好像是針和線的關係，必須把它們作為一個整體來看待。

有氧運動怎麼進行？

藉用馬拉松選手黃英祖曾經說過的一句話：「跑步就像洗氧氣浴。」隨著身體的不斷運動，吸入體內的新鮮氧氣會把你體內的各個角落都清洗乾淨。持續地跑步會讓你的身體變得越來越輕盈，越來越健康。可能有些人會認為跑步只是一種單純的鍛鍊腿部肌肉的運動，其實不然。跑步能夠促進全身肌肉、神經、骨骼和韌帶的均衡發展，是一項非常好的有氧運動。

有氧運動的種類

有氧運動包括跑步、走步、騎自行車、游泳、爬樓梯、跳繩等。

運動時間

因人體會產生本能的抵抗反應，所以在運動時要注意透過速度和練習方法的多變，來提高運動的趣味性，避免產生因長時間運動而導致的煩躁情緒。依據運動生理學家威廉・伊文斯博士的研究顯示，兩個小時的有氧運動會消耗90％的白氨酸，而這種氨基酸對肌肉生長是非常重要的。由此可見，盲目地長時間鍛鍊並不可取。因此，如果你的目的是減肥，則每天運動1小時即可。如果不是為了減肥，則只需在肌力運動前進行20～30分鐘的有氧運動就足夠了。

運動方法

有氧運動涉及測定心跳數和心肺耐力等複雜的理論和法則，理解起來有一定難度，因此我們不妨就拋開這些，透過自身的感覺來進行判斷和運動吧！以最具有代表性的有氧運動——跑步為例，我們可以在住家附近的小公園、人較少經過的路邊，或是家中的跑步機上，分別採用普通速度的走步、有些氣喘的疾走，以及快跑等不同的方式，來交替進行，這就是一種非常棒的有氧運動。

胖胖男鄭形敦有氧運動的核心內容

1 **徒步疾走對減肥非常有效** 徒步疾走能使全身各個部位都充分活動起來，並因此消耗大量熱量。疾走時注意肘部要彎曲呈直角，雙臂用力擺動（能感覺到胸肌被拉伸的程度，並且向後擺動的幅度要大於向前擺動的幅度），這樣手臂不但也能夠得到鍛鍊，走步時的步幅還會自然加大。

2 **每天做20組跳繩，短期效果滿分** 跳繩的短期效果比徒步疾走更為顯著。如果膝蓋沒問題，可以採用一組連續跳50下，休息20秒再跳50下，共做20組的方法來進行。鄭形敦當時不但完成了共20組的跳繩運動（共計1000下），並且還每天增加了一組（50下）或兩組（100下），到最後一週時，他一共跳了1800～2000下。不過需要注意的是，像鄭形敦這種體重超重平時又疏於運動的人，在做跳繩等跳躍性運動時，很容易傷到膝蓋，所以在跳繩前，最好先進行一週的輕度的肌肉運動，使膝蓋周圍的肌肉能適應一定的強度之後，再開始運動比較安全。

3 **不易出汗的人最好在運動時穿上減肥服** 胖的人大都容易出汗，但鄭形敦卻是一個不愛出汗的人。每次只有在運動快結束的時候才能看見他脖子上稍微有些汗跡。所以從第2週開始，我讓他穿上了不透氣的減肥服。因為大量出汗可以幫助體內老廢物質的排出，運動後身體會感覺輕盈許多。但要注意，一旦開始出汗就要把減肥服脫掉，因為長時間穿著汗濕的衣服對皮膚不好。

4 **以「快速─慢速─費力─輕鬆」來給予變化** 跑馬拉松的人大都耐力驚人，且鮮見身材肥胖者。要提高肌耐力，必須以心肺力作後盾，不過，如果採用非常高強度的運動，會使心跳加快，這樣運動反而變成了以提高心肺力，而不是提高能持續運動的肌耐力運動了。因此我們要通過強度和時間的變換，以「快速─慢速─費力─輕鬆」的持續變化，來確保運動能維持長時間。特別是如果目的是減肥的話，中低強度長時間的運動，比高強度短時間的運動，要更為有效。綜上所述，為了有效保證運動時間能較長地持續，每組運動和休息交替地進行，是非常重要的。

弱肌男**李允錫**
7週增加9公斤的秘訣

開始前的生活型態如何？

諧星李允錫身高超過180公分，體重卻只有60公斤，真可謂骨瘦如柴。雖然增肥的願望一直很迫切，但由於方法不正確，甚至曾造成胃腸功能下降，而不得不住院治療的嚴重後果。而這就是他即使怎麼吃都不長肉的最大根源所在。更糟的是他蛋白質吸收能力差，還不時會腹瀉和消化不良。平常他吃的少、工作繁忙、活動量大，這些都是讓他胖不起來的原因。為了增肥，他曾經吃過中藥，但絲毫沒有效果。這次聽說可以透過運動來增肥，李允錫非常興奮，並且表示願意全力配合。

該如何運動呢？

李允錫的訓練是從每週兩次，每次1小時開始的。這一階段休息比運動更重要，在運動後至少要保證1～2小時的休息時間。像李允錫這種新陳代謝率比較高的人，如果訓練強度過大，會導致肌肉和神經系統過度疲勞，壓力增大。如果休息得不夠充分，反而會使肌肉量減少。因此對他來說，休息也是訓練的一個過程。如果因為工作繁忙而打算連續運動兩天，倒不如放棄運動，徹底休息。消瘦體形的人身上的肌肉比較容易顯出來，李允錫從運動第3週開始，就看出肌肉線條了。親眼看到自己身上發生的一些可喜變化，李允錫運動得更積極主動了。不僅如此，連他的性格也變得開朗了許多。平時看起來無精打采的他，不知從什麼時候開始，變得願意主動和別人打招呼，一面拍著別人的肩膀，一面大聲說：「你來啦！」透過運動，連自信心都增加了。

該怎麼吃呢？

要想增重，飲食比運動更重要。在這7週裡，每天都要提醒自己「要多吃」，這並不是件容易的事，而且如果食物攝取量，在短時間內突然增加，體內也很容易堆積脂肪，因此最好採用少量多餐的方法來進食。增加能提供能量的碳水化合物，和能製造並生長肌肉的蛋白質，是關鍵所在。除了以中式餐為主的一日三餐之外，還需準備營養豐富的便當，每隔3～4小時分3次吃完。運動開始前30分鐘至1小時前，一定要喝一杯蔬果汁，運動結束後要立刻服用富含蛋白質和碳水化合物的蛋白質補充劑。還有為了增加碳水化合物的攝取，要把羊羹當零食吃。

李允錫在計畫開始後的兩週期間，經常因蛋白質吸收不良而導致腹瀉和腹痛。後來我們嘗試在牛奶中添加蛋白質補充劑，並慢慢增加添加量，最後終於成功地解決了這一問題。李允錫的體重增加，呈現了正常曲線，不過有時即使好好地運動，也無法使體重上升，這時就需要增加碳水化合物的攝取量。一般人都認為，重量訓練時只有蛋白質的攝取重要，其實為了製造出製造肌肉時所需的肝醣，最好是將碳水化合物、蛋白質和脂肪的攝取比例，設在6：3：1，才最理想。

一天的菜單

早餐
（一次的份量）　雜穀飯一碗，搭配魚類、蔬菜類的菜餚

便當
（一次的份量）

煮雞胸肉
1塊半至2塊　＋　煮蛋白
2個　＋　聖女蕃茄
5個　＋　青花菜5小朵
和彩椒1個　＋　蒸地瓜
11/2～2個　＋　香蕉
11/2～2根　＋　蔬菜沙拉
1小盤

零食
（一天的份量）　　**蔬菜汁**
（一次的份量）

羊羹3塊　　　香蕉1根　＋　南瓜1/2個　＋　牛奶200ml　＋　蜂蜜兩小匙

※ 便當按照以上的份量準備3份，在三餐間隔時間中分3次吃完。※零食要分著吃。
※ 蔬菜汁是把所有材料攪碎後食用。※蔬菜沙拉用甘藍菜、蘿蔔、黃瓜、胡蘿蔔等蔬菜和醋攪拌後食用。

跟著李允錫這樣增重

實戰運動計畫（每週做2次）

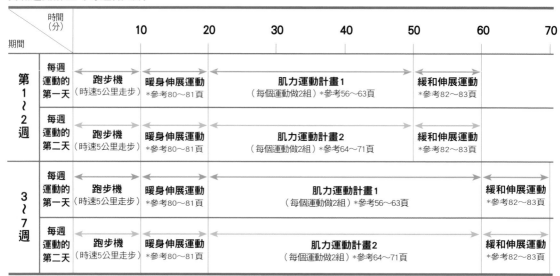

期間 時間(分)		10	20	30	40	50	60	70
第1～2週	每週運動的第一天	跑步機（時速5公里走步）	暖身伸展運動 *參考80～81頁	肌力運動計畫1（每個運動做2組）*參考56～63頁			緩和伸展運動 *參考82～83頁	
	每週運動的第二天	跑步機（時速5公里走步）	暖身伸展運動 *參考80～81頁	肌力運動計畫2（每個運動做2組）*參考64～71頁			緩和伸展運動 *參考82～83頁	
3～7週	每週運動的第一天	跑步機（時速5公里走步）	暖身伸展運動 *參考80～81頁	肌力運動計畫1（每個運動做2組）*參考56～63頁				緩和伸展運動 *參考82～83頁
	每週運動的第二天	跑步機（時速5公里走步）	暖身伸展運動 *參考80～81頁	肌力運動計畫2（每個運動做2組）*參考64～71頁				緩和伸展運動 *參考82～83頁

第1～2週

1 **透過伸展運動，提高身體的柔韌度** 如果你缺乏運動，身體柔韌度較差，最好在運動前有充分的時間，慢慢將大肌肉舒展開。

2 **焦點要放在正確的姿勢上，而不是體重** 前兩週屬於適應期，必須在這段時間內掌握所有的動作，並保證姿勢的正確，將有助於今後整體運動能力的提高。

3 **兩個計畫交替實施** 肌力運動計畫1，由胸部、肩膀、臂部（肱二頭肌）和腹部肌肉運動組成，每週的第一天進行此項練習。肌力運動計畫2，由腿部、背部、臂部（肱三頭肌）和腹部運動組成，每週的第二天進行此項練習。兩項計畫交替進行，可使各部位在得到集中的運動後，有充足的時間休息。

4 **比起槓鈴和啞鈴，固定的器械更為合適** 像李允錫這種身材消瘦，肌肉又缺乏力量的人，如果使用槓鈴或啞鈴這種不固定的器械，動作姿勢容易變形，力量也會因此而被分散。而使用兩側被固定住的器械，就能確保姿勢正確，保證目標部位得到正確的刺激了。

5 **運動後充分休息一兩天** 進行重量訓練時，肌肉纖維被反覆拉伸和收縮，會產生疲勞感。因此瘦弱體形的人需要較長的時間休息，充分地讓疲勞的肌肉獲得恢復。

6 **第一組和第二組的運動重量要有所不同** 每個運動的第一組選擇最多能舉起12次的重量，第二組則增加到最多只能舉起8次的重量。透過這種每組逐漸增加重量的作法，可有效促進肌肉的進一步發達。另外要減少重複的次數，不但能避免身體快速疲勞，還可縮短運動的時間。

第3～7週 **每個運動增加1組，總共做3組** 第一、二組仍舊按照之前的重複次數和重量進行練習，之後增加的第三組則選擇最多只能舉起6次的重量進行鍛鍊。在短時間、高強度的訓練下，要做到3組結束後，所有力氣都耗盡完了一樣。

7週後的結果如何？

李允錫的狀況（參考右表）運動開始前的體內脂肪稍低，外表看起來瘦弱，也幾乎沒有突肚，但他內臟脂肪的含量卻是高於標準的。在適應階段時，他頻繁地腹瀉外加繁忙地工作，使李允錫看起來很疲憊，但隨著運動的持續，他的臉色變得越來越好，性格和行為舉止也發生了很大的變化，自信心也有了顯著的提高。李允錫對自己的變化欣喜不已，他表示今後將持續地運動下去。

身高184cm

	標準	Before	After
體重	67~81kg	59kg	68kg
體脂肪	11~14%	13%	12.5%
肌肉量	52~62%	43.7%	49.8%
腹部皮下脂肪厚度	0.8~0.9cm	0.9cm	0.8cm

肌力運動計畫1 1～7週各週的運動第一天進行

※參考54～55頁的實戰計畫來做

胸部

並膝伏地挺身

第一組 》8次
第二組 》8次

從第3週開始增加
第三組 》8次

運動效果
增大胸大肌和胸小肌

躺著並攏啞鈴

第一組 》8次
第二組 》6次

從第3週開始增加
第三組 》5次

運動效果
形塑胸大肌內側肌肉輪廓

1 雙膝並攏靠在地上，雙臂張開，與肩同寬，撐起身體，這時雙腳腳踝交叉。

2 兩肘向外彎曲，使身體下降，這時吸氣，在最低點停1秒鐘，然後雙肘伸直，撐起上身，再吐氣。注意下落時吸氣，撐起時吐氣。

1 膝蓋立起躺著，將啞鈴舉至胸部正上方，掌心向內，並攏啞鈴。

2 微屈雙肘，吸氣，將雙肘向兩側伸展，在手肘快碰到地板前，在最低點停頓1秒鐘，之後再將啞鈴舉至胸部上方吐氣。

啞鈴舉至胸上方

第一組 》**8次**
第二組 》**6次**
從第3週開始增加
第三組 》**5次**

運動效果
強化胸大肌上部

平躺上舉啞鈴

第一組 》**8次**
第二組 》**6次**
從第3週開始增加
第三組 》**5次**

運動效果
打造胸大肌下部線條

1 平躺凳上,將啞鈴舉至胸部正上方,掌心向前並攏啞鈴。

45°

2 一面吸氣一面屈肘,使上臂下降至與肩膀保持水平,停1秒,然後恢復至動作1的姿勢,同時吐氣。

1 躺在向下傾斜45度的凳上,將啞鈴舉至胸部正上方,掌心向前並攏啞鈴。

45°

2 一面吸氣一面屈肘,使上臂下降至與肩膀水平的位置,停1秒鐘,然後恢復至動作1的姿勢,同時吐氣。

槓鈴上舉
至頭上方

第一組	»	**8次**
第二組	»	**6次**

從第3週開始增加

| **第三組** | » | **5次** |

運動效果
增大三角肌前束、中束、後束

1 腰部打直、胸部展開坐著。雙手握住槓鈴，寬度大概是兩個肩膀的寬度。注意大拇指應位在槓子下側。

2 一面吸氣，一面將槓鈴向下拉至頭後方至耳朵的高度，在最低點停頓1秒鐘，然後利用肩膀的力量（而不是手臂的力量）將槓鈴再上舉回動作1的高度，同時吐氣。

肩部

向上拉拉力器

第一組 》 **8次**
第二組 》 **6次**
從第3週開始增加
第三組 》 **5次**

運動效果
強化三角肌前束

雙腿跨過拉力器，雙手握拉力器把手，與肩同寬。在整個動作中膝蓋都要微微彎曲著。

2

用肩膀的力量將拉力器拉高至肩的高度，這時一面吸氣一面在最高點停留1秒鐘，然後緩緩吐氣並放下手臂恢復至動作1的姿勢。

手臂

槓鈴上舉
至肩膀高度

第一組 ▶ **8次**
第二組 ▶ **6次**

從第3週開始增加

第三組 ▶ **5次**

運動效果
強化肱二頭肌

1 掌心向前,手握槓鈴
寬度同肩,肩膀放
鬆,雙臂自然下垂。

2 手肘貼於身體兩側,前臂向上彎
曲,將槓鈴上舉至肩的高度,這
時一面吐氣一面在最高點停頓1
秒鐘,再慢慢將手臂和槓鈴放下
並吸氣。

蹲著舉啞鈴

第一組 》8次
第二組 》6次
從第3週開始增加
第三組 》5次

運動效果
刺激肱二頭肌

1 蹲著，手掌向上地握住啞鈴，將上臂置於膝蓋之上，手肘有點彎曲，不要完全伸直。

2 彎曲前臂舉起啞鈴同時吐氣，在最高點停頓1秒鐘，然後一面慢慢將手臂和啞鈴放下一面吸氣。注意在整個動作中手肘不能移動位置。

腹部

仰臥人起坐

第一組 》 20次
第二組 》 20次
從第3週開始增加
第三組 》 20次

運動效果
刺激整個腹肌

抬腿

第一組 》 12次
第二組 》 12次
從第3週開始增加
第三組 》 12次

運動效果
減少下腹部體脂肪，
及強化肌肉

1 躺著，雙腿打開與肩同寬，膝蓋立起。肩膀離地，雙手置於耳旁。

2 腰部用力拉起上身，腹部最大限度地向前收緊，停頓1秒鐘，然後慢慢恢復到動作1的姿勢。

1 掌心向下地平躺著，抬起雙腿，在膝蓋處彎曲使小腿呈水平，然後雙腳腳踝交叉。

2 吸氣並向上伸直雙腿，使之與地板垂直，在最高點停頓1秒鐘，然後慢慢放下恢復至動作1的姿勢，同時吐氣。

半仰臥人起坐

第一組 》 **12次**
第二組 》 **12次**

從第3週開始增加

第三組 》 **12次**

運動效果

刺激上腹部，及形成輪廓

1 躺著，雙腿打開與肩同寬，膝蓋立起。雙手置於耳旁，頭部微微抬起。

2 將胸部（而不是頭部）向上拉起，使腹部肌肉收緊，停頓1秒鐘後恢復至1的姿勢。動作1和動作2之間不要有停頓，且注意要用腹部的力量來拉。

肌力運動計畫2 1〜7週各週的運動第二天進行

※參考54〜55頁的實戰計畫來做

腿部

用健身器向前伸腿

第一組》8次
第二組》6次
從第3週開始增加
第三組》5次

運動效果
強化股四頭肌和膝蓋

1

腰打直，膝蓋打開與肩同寬坐著。雙腿呈直角地彎曲，腳尖比膝蓋稍前伸出。

2

腳尖朝身體方向抬起，腿向前伸，這時吐氣並在最高點停1秒鐘，然後將雙腿慢慢放下，注意腿部放下時臀部不要移動。

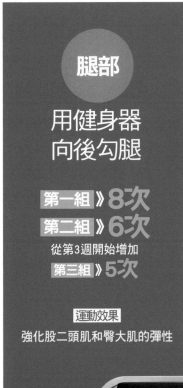

腿部

用健身器
向後勾腿

第一組》8次
第二組》6次
從第3週開始增加
第三組》5次

運動效果
強化股二頭肌和臀大肌的彈性

1

身體趴在器械上，頸部、頭部和
上半身放鬆，雙手輕握把手。腹
部用力，撐住臀部。

2

腳尖向著膝蓋，
腳跟往臀部方向
拉，這時吐氣並
使器械幾乎碰到
臀部，停頓1秒
鐘後，再恢復至
動作1的姿勢。

背部

往下拉器械

第一組 》**8次**
第二組 》**6次**
從第3週開始增加
第三組 》**5次**

運動效果
強化闊背肌

1 腰部打直坐在椅子上。雙手握住把手,握住的地方比肩的寬度再寬一點。

2 手肘向身體兩側後拉,把手拉至耳朵的高度。這時吐氣同時上身稍微向後仰,停頓1秒鐘後,再慢慢吸氣並恢復至動作1的姿勢。

背部

往後拉器械

第一組 》**8次**
第二組 》**6次**
從第3週開始增加
第三組 》**5次**

運動效果
鍛鍊整個背部肌肉

1

胸部展開，腰部
打直，臀部向後
挺出坐著，雙眼
向前平視。

2

吸氣同時將手肘向後
拉，最大限度地收緊背
部肌肉，停頓1秒鐘，
再慢慢恢復至動作1的
姿勢，同時吐氣。

向下拉拉力器

第一組 》**8次**
第二組 》**6次**
從第3週開始增加
第三組 》**5次**

運動效果

增大肱三頭肌

1

站著，雙手握住拉力器把手，握住的寬度略窄於肩膀，上臂貼緊於身體兩側。

2

手肘保持不動，吐氣同時完全伸直手臂，將拉力器向下拉至最低點，在最低點處停頓1秒鐘，然後吸氣並恢復至動作1的姿勢。

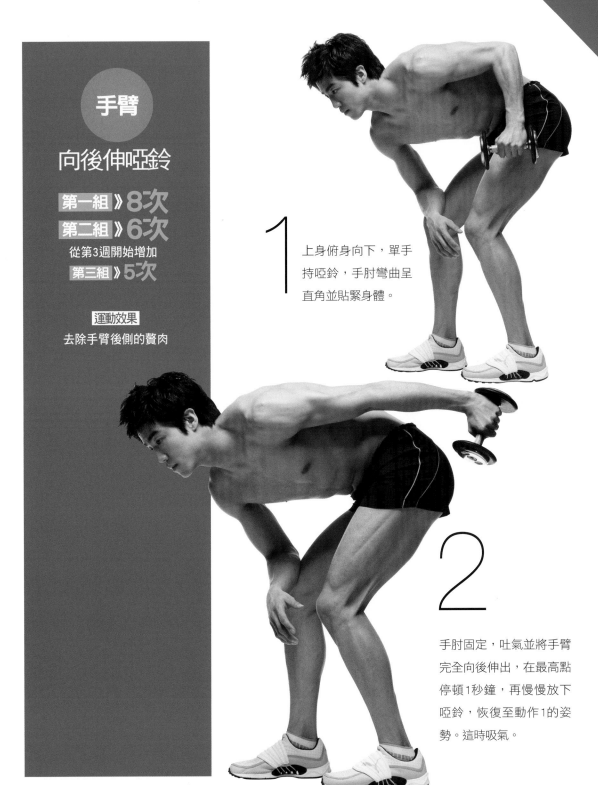

向後伸啞鈴

第一組 》8次
第二組 》6次
從第3週開始增加
第三組 》5次

運動效果
去除手臂後側的贅肉

1 上身俯身向下，單手
持啞鈴，手肘彎曲呈
直角並貼緊身體。

2 手肘固定，吐氣並將手臂
完全向後伸出，在最高點
停頓1秒鐘，再慢慢放下
啞鈴，恢復至動作1的姿
勢。這時吸氣。

腹部

仰臥人起坐

第一組》**20次**
第二組》**20次**
從第3週開始增加
第三組》**20次**

運動效果
刺激整個腹肌

伸舉腿

第一組》**12次**
第二組》**12次**
從第3週開始增加
第三組》**12次**

運動效果
減少下腹部體脂肪，
及強化肌肉

1 躺著，雙腿打開與肩同寬，膝蓋立起。肩膀離地，雙手置於耳旁。

2 腰部用力拉起上身，腹部最大限度地向前收緊，停頓1秒鐘，然後慢慢恢復到動作1的姿勢。

1 掌心向下地平躺著，抬起雙腿，在膝蓋處彎曲使小腿呈水平，然後雙腳腳踝交叉。

2 吸氣並向上伸直雙腿，使之與地板垂直，在最高點停頓1秒鐘，然後慢慢放下恢復至動作1的起始姿勢，同時吐氣。

腹部

仰臥人起坐

第一組 》 **12次**
第二組 》 **12次**
從第3週開始增加
第三組 》 **12次**

運動效果
刺激上腹部，及形成輪廓

1 躺著，雙腿打開與肩同寬，膝
蓋立起。雙手置於耳旁，頭部
微微抬起。

2 將胸部（而不是頭部）向上拉起，使腹部肌
肉收緊，停頓1秒鐘後恢復至1的姿勢。動作1
和2之間不要有停頓，且注意是要用腹部的力
量來拉。

關於肌肉的對和錯

想要增加肌肉就必須增加蛋白質的攝取量？

NO 認為只要增加蛋白質攝取量，就能增加肌肉量的人，出乎意料得多。可是事實上，過多反而是不好的。因為，我們運動的目的不僅僅是為了「外貌」，而且只吃蛋白質食品，並不能使肌肉更多，也不能使肌肉快速產生。尤其是肌力運動1～2小時前，應該要集中攝取能形成體內能量的碳水化合物食物，如馬鈴薯、地瓜、低脂牛奶、香蕉、全麥麵包和粥等，最好要和水分同時攝取。如果是在做增大肌肉的重量訓練的話，建議你每天的蛋白質攝取量，是自身體重每1公斤，攝取2克蛋白質的量。

重量訓練傍晚做比早上做好？

YES 這裡並不是說早上不適宜做重量訓練。只是由於早上肌肉和關節的柔韌度較差，和能量代謝有關的酵素的活性也較低，因此運動力不佳，有受傷的危險，所以需要特別注意。建議先做10～20分鐘的伸展運動來舒展身體並暖身，再運動比較好。將你的肌肉和韌帶慢慢拉伸，讓身體的主要關節得到充分的舒展，在伸展至最大時保持此姿勢10～15秒。另外，我們還要確保器械的重量不要過重，並在運動後一定要透過慢走等放鬆運動，來使心跳和血壓恢復至運動前的狀態。

每天努力做「仰臥起坐」就能去掉腹部贅肉？

YES 有人認為仰臥起坐並不能減掉腹部的贅肉，我並不贊同這點。當然仰臥起坐不像跑步那樣能有效地消除體脂肪，但它確實能起到收縮腹部、提高腹部肌力的功效。因為反覆地坐起和躺下，本身也具有有氧運動的效果。不過仰臥起坐時有一點要特別注意，那就是動作要慢。正確的姿勢是將雙手放在耳側，不過我覺得將雙手放在肚子上，一面感受腹部用力，一面集中注意力，效果會更好。

打造有強壯肌肉的魁梧身材，不需要做有氧運動？

NO 那些練健美的，為了減少體脂肪，打造更完美的身材，是絕對不會忽視有氧運動的。在那些只專注於使自己肌肉更發達的男士中，時常會偷懶將有氧運動省略不

做，但事實上，除了要瘦身的人外，要製造肌肉的人，有氧運動也是一定要做的。在肌力運動前，輕鬆地做一些有氧運動，可以使你在做肌力運動時減少身體的不適，並暖身，強化你的心肺功能，另外對提高肌耐力也很有幫助。

重量訓練對減肉毫無幫助？

NO 有氧運動對消耗體脂肪非常有效。不過有氧運動只能在做運動的同時消耗體脂肪，而相反的，重量訓練卻是透過增加肌肉量、提高身體的基礎代謝，使你變成不易長贅肉的體質。另外即使是做同樣的運動，肌肉量多的人，其體脂肪能夠更加有效地分解，效果更佳，因此，即使你是以瘦身為目的，比起只做有氧運動，將肌力運動和有氧運動徹底並行，才是最明智的。

器械的重量越重，就越容易製造肌肉？

NO 用重的器械可以製造出更大的肌肉，這句話只有部分正確。因為，如果盲目地增加重量，有可能導致運動時的姿勢發生變形，這樣就無法正確地刺激到應刺激的肌肉了。所以說，維持住正確的姿勢，比器械的重量更重要。也不要誤認重量一定要越來越重。如果第1週用了重的器械，那麼第2週就用輕的，慢慢地以正確的姿勢來完成動作，像這樣混合不同重量，反而能從多個方向來刺激肌肉，能讓肌肉更漂亮，這樣才是聰明的。

喝酒過量的第二天也一定要運動嗎？

NO 體內的酒精會導致肌肉內乳酸（導致疲勞的物質）的大量生成，所以在沒有完全從宿醉的狀態中解脫出來之前，最好不要進行運動。這時運動只會使體內的乳酸越來越多，有可能導致運動過度而產生肌肉痙攣或心臟不適等不良反應。另外，肝臟在疲勞的狀態下，無法確保蛋白質的順利合成，運動的效果也會大打折扣。綜上所述，我們必須等到身體各項機能恢復正常後，才能開始運動。

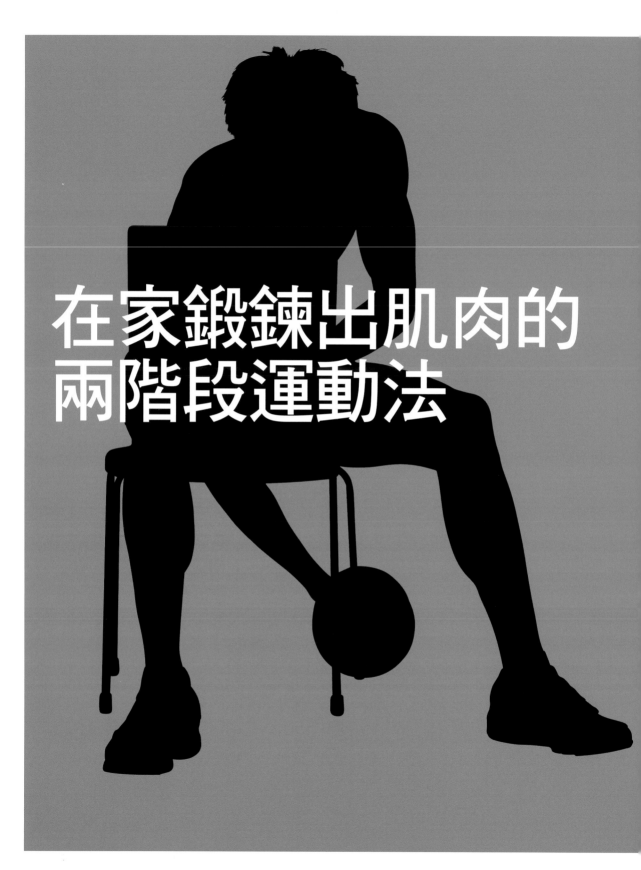

在家鍛鍊出肌肉的
兩階段運動法

Part

本章為你介紹利用自身體重和啞鈴，
就能在家做的運動計畫。
透過各階段各種不同目標和
難易度的運動，來增加肌肉量，
並打造勻稱結實且富彈性的肌肉。
4週訓練結束後，
你會因改變了的身材而感到喜悅。

4週時間打造
肌肉體質的兩階段運動

利用自己的體重來做重量訓練

很多人都說自己很想運動，但苦於工作繁忙，沒時間去健身房。其實，不是只有在健身房才能作重量訓練，我們必須拋掉這種想法。本章中要介紹的「兩階段運動法」，只用到啞鈴一種器械，大部分動作都毋須藉助任何器械，就可以完成。這些運動大都是用自身的體重來代替器械的重量，不會增加額外的負擔，因此減少了受傷的危險，並增加了持續運動的可能。另外，本章所選的動作，都是能輕易做到正確姿勢的動作，只要按照標注的注意事項，即使沒有教練，一樣也能得到卓越的運動效果。

對目標肌肉給予正確的刺激

利用器械來拉伸、收縮肌肉的運動法，對於堆積大肌肉、提高肌力，有明顯的功效，但對運動經驗少的人們來說，較難感知正確的刺激，從而無法獲得預期的效果。為了彌補這一缺點，在「兩階段運動法」中，我增加了在動作做到最大、肌肉感覺最吃力的時候停留3秒鐘的方法。就拿伏地挺身為例，展臂時，在手肘完全伸展前，讓手肘彎曲的動作停留一下。當動作靜止時，就是肌肉最用力的時候，在這裡停3秒，然後再繼續連上伸直的動作。中斷運動的優點是，讓肌肉沒有鬆懈的機會，維持持續用力的狀態；即使在負荷較輕的情況下，也能做到確實的鍛鍊，並能給予目標肌肉更正確的刺激。

4週後就能塑造出肌肉型男的雛形

如同流行衣服和髮型會隨時代而不斷變化一樣，男人們希望擁有的身材類型也會改變。最

近受歡迎的身材類型，不是阿諾那種健碩的大塊肌肉型了，而是像李小龍那種線條清晰可見的小肌肉型。如果你不想因為肌肉過大而給人留下笨拙的印象，就開始來做能塑造符合理想身材的「兩階段運動法」吧！

我到底要塑造哪種身材？

肩部 肩部的前三角肌、中束和後束要均衡地發展。注意斜方肌不要過度發達。

背部 為了塑造出倒三角形的背部，必須好好培養闊背肌。

手臂 手臂不是越粗壯越好，我們的目標是使肱二頭肌和肱三頭肌的輪廓更加清晰。

腹肌 只有腹直肌和腹外斜肌同時得到充分的鍛鍊，才能打造出立體的「王」字腹肌。另外別忘了骨盆Y線的鍛鍊。

臀部 發達的臀大肌，使臀部上翹。這樣不但具有拉長腿部的視覺效果，穿起褲子來也會特別好看。

大腿 集中做上身運動外，也不可忽略股四頭肌和股二頭肌的鍛鍊。

設定各階段目標的系統化訓練

1 STEP1是增加體內肌肉量的肌肉形成期的運動法

是由基礎的重量訓練動作所組成，即使是缺乏運動經驗的初學者，也可以馬上跟著做。這一階段的目標是，有效燃燒體內脂肪，堆積肌肉。由這些給予身體各部位低強度刺激的動作所組成的STEP1計畫，持續實施兩週，就能分解體脂肪，並分泌生長激素。一般認為只在青春期才需要成長荷爾蒙，但事實上，它在停止生長的成人體內，也扮演著促進蛋白質合成和幫助肌肉生長的重要角色。生長激素的分泌量，一般在青春期達分泌高峰，之後隨著年齡的增加而逐漸減少。但在進行重量訓練這樣的無氧運動時，成人體內也會分泌出大量的生長激素。

2 STEP2多角度肌肉塑形

我們的身體具有快速適應周圍環境的特點，因此持續按照STEP1中的運動法運動兩週後，肌肉就會因為逐漸適應了這種強度，而開始進入停滯期。這時就需要給予肌肉一些新的刺激。所以以第3週後，我們需要進入難度更高的STEP2。STEP2將焦點放在肌肉塑形上，透過從不同角度來刺激目標肌肉，以使全身的肌肉形狀優美地顯露出來。4週的運動結束後，你會發現你的肌肉輪廓變得更鮮明，整個身體感覺更加結實。

4週後「兩階段運動法」的活用方法

「兩階段運動法」在進行4週後就能收到明顯的效果，但如果將它拉長至8週也是毫無問題的，依舊可以在家中進行。方法是，5～6週實施STEP1，7～8週在實施STEP2時將3組動作增加至5組。重量上則依照下頁所示，每兩週增重一次即可。8週後，如果你希望肌肉更加立體有形，可按照PART3介紹的「各部位運動法」來進行，它將成為你值得信賴的嚮導。

開始運動前一定要記住的事項

1 每週運動3次，在晚飯前兩小時實施效果最佳

晚飯前1～2小時是最佳的訓練時間。因為這時我們體內的交感神經最為活躍，對胃腸的刺激也最低。應避免在飢餓的時候或飯後立即運動。運動後的第二天要充分休息。每週實施3次就可以使你的肌肉變得結實而富有彈性。

2 集中鍛鍊目標肌肉，要感覺到肌肉收緊感

如果你缺乏運動經驗，不能正確感知運動部位的話，可以將手放在目標肌肉部位（參考左側框框中的運動部位），這樣很容易就能感覺到了。剛開始，即使無法完成應做的次數，也要將手放在目標部位上，意識集中地練習。

3 啞鈴要選一次可以舉20次的

啞鈴的重量最好選一次最多能舉20次的重量為宜。在按照「兩階段運動法」運動時，隨著肌力的逐漸增加，啞鈴的重量也要隨之增加。最好是每兩週重新調整一次，使運動強度有變化。

4 每個動作做3組，每組間休息20秒

組的涵義即透過重複相同的動作完成一個練習。例如「1組12次，共3組」意思就是重複動作12次後休息20秒，然後再做12次，以此類推，重複3次相同的動作。「兩階段運動法」選擇了能夠有效增加肌肉量、使肌肉發達的動作，每種動作做3組。

5 一定要做緩和動作

緩和動作能降低運動中不斷升高的體溫，緩解疲勞。在做完3組相同的動作，要做下一個運動前，一定要做緩和動作。

運動前的**暖身運動**

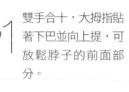

1 雙手合十，大拇指貼著下巴並向上提，可放鬆脖子的前面部分。

2 手指在腦後交叉，手肘向前聚合，使頸部往前縮。

3 肩膀放鬆，頸部向左向右充分伸展。

4 大幅度轉頸部，順時針、逆時針各兩次。

5 雙手放在肩上，手肘向前、向後各畫大圈4次。

6 一隻手臂在頭後側彎曲，用另一隻手抓住該手肘向後壓。

7 一隻手臂伸直與地板平行，用另一隻手靠著該手肘向內壓。此時脖子要轉向相反方向。

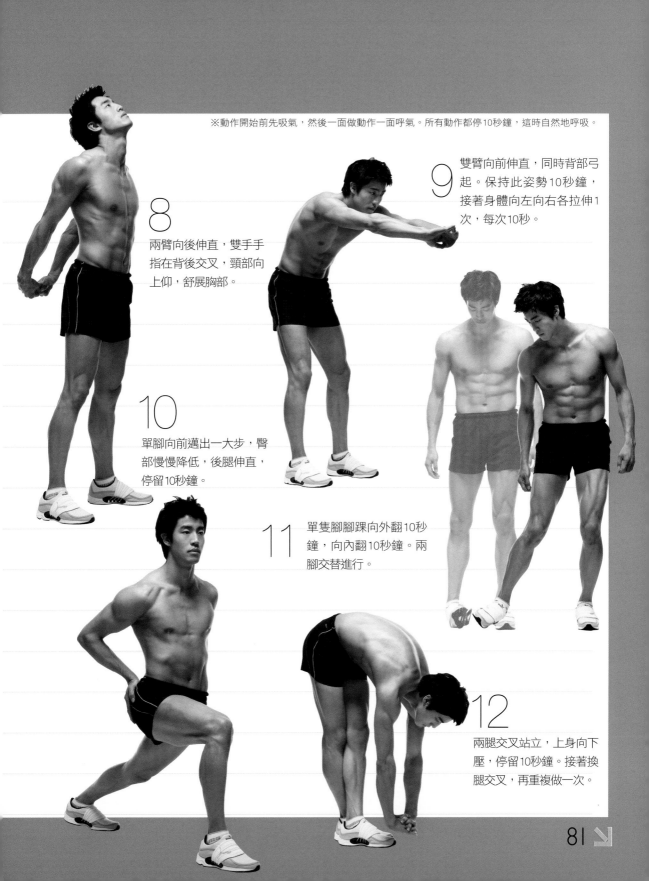

※動作開始前先吸氣，然後一面做動作一面呼氣。所有動作都停10秒鐘，這時自然地呼吸。

8

兩臂向後伸直，雙手手指在背後交叉，頸部向上仰，舒展胸部。

9

雙臂向前伸直，同時背部弓起。保持此姿勢10秒鐘，接著身體向左向右各拉伸1次，每次10秒。

10

單腳向前邁出一大步，臀部慢慢降低，後腿伸直，停留10秒鐘。

11

單隻腳腳踝向外翻10秒鐘，向內翻10秒鐘。兩腳交替進行。

12

兩腿交叉站立，上身向下壓，停留10秒鐘。接著換腿交叉，再重複做一次。

運動後的**緩和運動**

1 雙手貼地似的向前伸出，肩膀感覺要碰到地似的盡量下壓。

2 身體平躺，一條腿向體側彎曲，停留10秒鐘。再換另一條腿重複此動作。

3 坐著，右腿彎曲置於左腿的膝蓋上，雙手抓住左腿的腳尖，停留10秒鐘。再交換雙腿重複動作。

4 站著，一條腿向身後彎曲，雙手抓住腳尖，盡量讓腿貼著臀部。再換另一條腿重複。

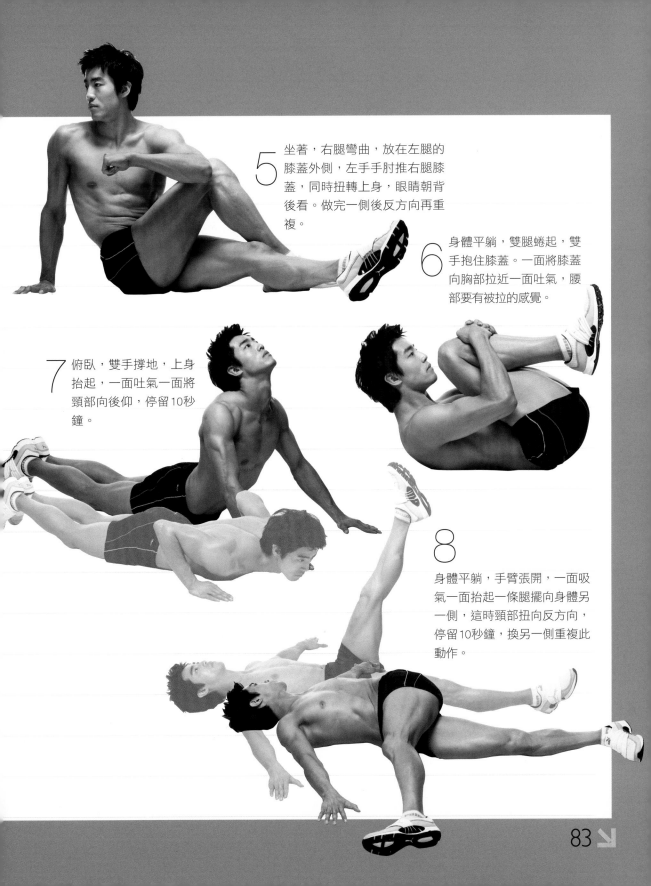

5 坐著，右腿彎曲，放在左腿的膝蓋外側，左手手肘推右腿膝蓋，同時扭轉上身，眼睛朝背後看。做完一側後反方向再重複。

6 身體平躺，雙腿蜷起，雙手抱住膝蓋。一面將膝蓋向胸部拉近一面吐氣，腰部要有被拉的感覺。

7 俯臥，雙手撐地，上身抬起，一面吐氣一面將頸部向後仰，停留10秒鐘。

8 身體平躺，手臂張開，一面吸氣一面抬起一條腿擺向身體另一側，這時頸部扭向反方向，停留10秒鐘，換另一側重複此動作。

Step 1

增加體內的
肌肉量

本章將幫你打造肌肉型身材的基礎。
目的是燃燒體內脂肪，並堆積底層肌肉。

執行守則

—最初的兩週，每週實施3次。

—啞鈴要選最多能舉20次的重量。

—每組中間休息20秒，共做3組。

—緩和動作要在進行下一個運動前完成。

腹部 膝蓋拉向胸部

運動部位

下腹部

前

1組

⌄

12次（共做3組）

運動效果 很多人在做完腹部運動後都會感到腰部疼痛，而這個姿勢確保腰部得到安全支撐，不會加重腰部負擔，只單純靠腹部的力量即可完成。能使下腹部肌肉鍛鍊得更結實。

準備姿勢 臀部坐在椅子邊緣，雙手握住椅子，上身向後斜，雙腿併攏向前伸直。

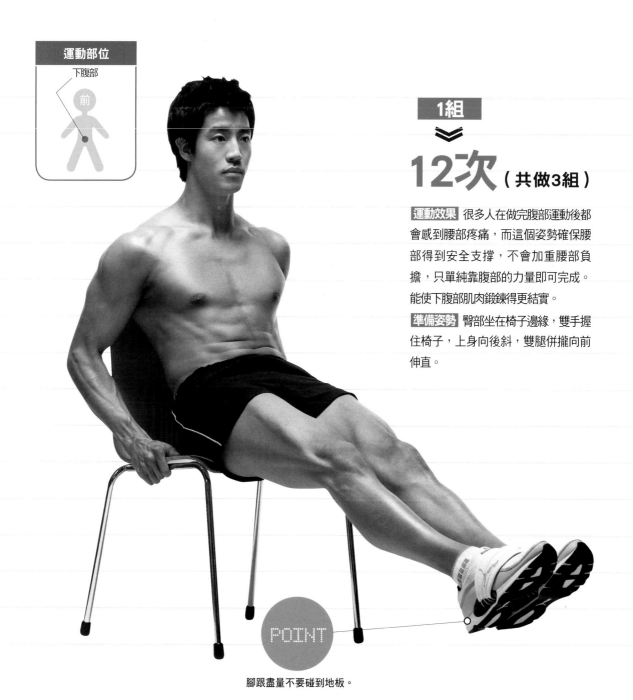

POINT

腳跟盡量不要碰到地板。

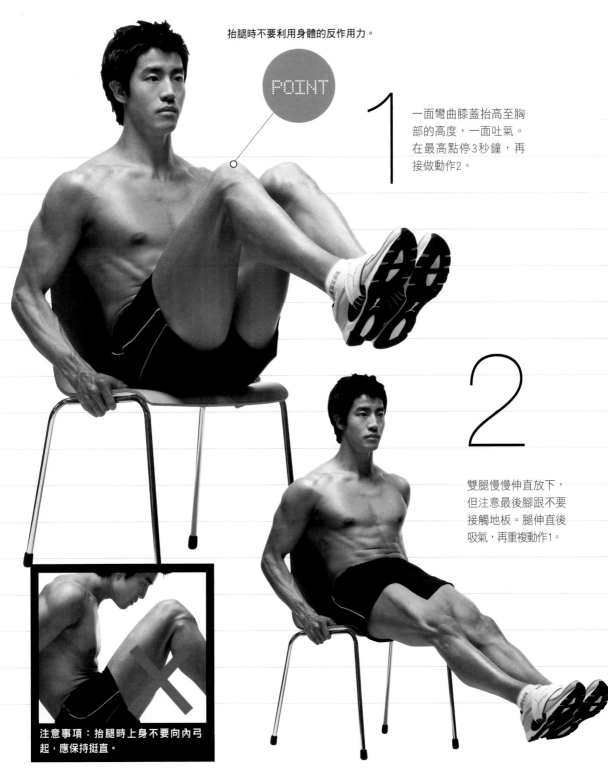

抬腿時不要利用身體的反作用力。

POINT

1

一面彎曲膝蓋抬高至胸部的高度，一面吐氣。在最高點停3秒鐘，再接做動作2。

2

雙腿慢慢伸直放下，但注意最後腳跟不要接觸地板。腿伸直後吸氣，再重複動作1。

注意事項：抬腿時上身不要向內弓起，應保持挺直。

腹部 伸臂仰臥起坐

運動部位

下腹部

頭

雙膝併攏。 POINT

1組

10次
（共做3組）

運動效果 這是最具代表性的上腹部運動，半仰臥起坐（參考第63頁）的變化動作。藉著手臂前伸所產生的力量來擴大運動可動範圍，從而更提高了強化腹部運動的效果。

準備姿勢 雙膝立起躺著，手臂向頭後方伸。頭部微微抬起離地。

緩和動作
參考第83頁的第7項

1 雙手向膝蓋方向伸，肩膀離地，使上身呈圓弧形。這時吐氣，並在最高點停3秒鐘，再接做動作2。

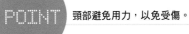

POINT　頸部避免用力，以免受傷。

2 雙手向頭後方伸，上身慢慢恢復原狀，最後頭不要碰到地板。這時維持腹部的緊縮並吸氣，再重複動作1。

注意事項：上身不要完全抬起，因為完全抬起，反而會使腹部肌肉放鬆。

運動部位

整個胸大肌

前

1組

15次 （共做3組）

運動效果 透過伏地挺身所獲得的最大效果，就是可產生有彈性的胸部。它可以使整個上半身，包括肩膀、手臂、背部和腹部都同時得到充分鍛鍊。如果想增加強度，可以扶著椅子做。

準備姿勢 身體俯臥，雙臂打開，比肩稍寬，腰部挺直，雙腿伸直，腳尖撐地。

POINT 指尖要向內。

1

一面吸氣一面慢慢下降胸部，在最低點處停留3秒鐘，之後直接接做動作2。

POINT 手肘要向外。

2

一面吐氣一面用手肘撐起上身，最後手肘要微微彎曲。胸部肌肉收緊後，再重複動作1。

注意事項：**手臂伸直時，臀部沒有抬起，呈下凹線，是不正確的。**

POINT

手肘完全伸直的話，胸部的力量就無法集中。

運動部位

胸大肌內側

前

腰要抬起至下面可以
伸進一隻手掌的程度。

POINT

1組

12次 （共做3組）

運動效果 本運動是針對胸大肌（上身最大的肌肉）的
內側作鍛鍊，可幫助兩側胸部中線的形成，使胸部更加
立體。

準備姿勢 膝蓋立起躺著，手握啞鈴，掌心向內，舉至
於胸部上方。這時腰不要貼著地板，胸部要展開，這是
所有胸部運動的基本要求。

緩和動作
參考第81頁的第8項

1 將兩臂向兩側慢慢展開，直到手肘將碰到地板，這時吸氣並在最低點（注意手肘不要碰到地板）停3秒鐘，之後接做動作2。

POINT　要手肘彎曲地展開手臂。

2 一面吐氣一面用胸部的力量將啞鈴快速拉回至胸部上方併攏，胸部收緊後，再重複動作1。

注意事項：放下啞鈴時，手肘完全伸直的話，力量會集中至肩部，而使運動效果降低。

運動部位

整個三角肌

前 後

POINT 用大拇指托住啞鈴。

POINT 腰部打直,胸部展開。

1組

12次（共做3組）

運動效果 本運動能使整個肩部肌肉更發達更強,而肩部有了力量以後,做其他肩部運動也會更有效,也能在短時間內塑造出細緻的肩部肌肉。

準備姿勢 上身打直坐在椅子上,雙手持啞鈴舉到眼睛的高度。

1 一面吐氣，一面快速將啞鈴舉到頭上方併攏，在最高處停3秒鐘後，接做動作2。

2 一面吸氣一面慢慢將啞鈴往兩側放下至眼睛的高度，之後重複動作1。

注意事項：啞鈴高度低於眼睛，就會紓解肩部肌肉的緊張，而使運動效果降低。

STEP 1
肩部 啞鈴平舉

運動部位

三角肌側束

前

1組

12次

（共做3組）

運動效果 本運動能使肩部側面肌肉發達，塑造出寬肩。肩肌不像胸肌是大肌肉，所以較易感覺疲勞，而且做其他上身運動時也常用到肩肌，所以運動的時間不要持續太久。

準備姿勢 雙手持啞鈴至腰的高度，肘部彎曲地站著。

POINT

動作過程中，
手肘要一直保持彎曲。

緩和動作
參考第80頁的第5項

1
一面吸氣，一面手背向上快速地將手肘抬高至肩膀的高度，在最高點停3秒鐘後，再接做動作2。

握住啞鈴時手腕要打直，不要彎曲。

2
一面吐氣，一面放下啞鈴至腋下能放入一個拳頭的位置，到達最低點後，重複動作1。

注意事項：肩膀不要用力，也不要抬太高。

運動部位

肱二頭肌

前

1組

左右各15次
（共做3組）

運動效果 為了塑造出細緻的手臂肌肉，要集中鍛鍊肱二頭肌。為避免使用到手臂以外的肩部和胸部肌肉，應選擇重量適當的啞鈴（參考79頁）。

準備姿勢 坐在椅子上，雙腿張開。一手握啞鈴，讓上臂貼在大腿內側，前臂與小腿呈45度角。

POINT

另一隻手扶在肱二頭肌上，感覺肌肉的用力情況。

45。

1 一面快速將啞鈴往肩膀方向上拉，一面吐氣在達到肌肉最大收縮點小拇指向內側轉，停留3秒鐘，之後直接接做動作2。

POINT 從肩膀到手肘確保固定不動。

2 慢慢放下啞鈴，直到在手肘完全展開，恢復至準備姿勢。這時吸氣並重複動作1。

注意事項：啞鈴放下時，手肘不要完全伸直，否則會紓解肌肉緊張，使運動效果降低。

運動部位
肱三頭肌

頭

1組
≫
10次
（共做3組）

運動效果 這是集中刺激會比肱二頭肌更快發達的肱三頭肌的動作。因為是利用自身的體重，所以優點是隨時隨地都可以做。

準備姿勢 握住位於背後的椅子，彎曲膝蓋，臀部懸空。

緩和動作
參考第80頁的第6項

POINT

膝蓋不要超過腳尖。

1
一面慢慢降下臀部,讓手肘呈直角,一面吸氣。在最低點停留3秒鐘後,接著做動作2。

90。

2
一面吐氣,一面放鬆臀部和腿部,只用手臂的力量將身體抬起,之後重複動作1。

注意事項:身體下降時,如手肘高度高於肩膀,有導致肩膀受傷的可能。

運動部位

股四頭肌和股二頭肌

前　後

12次（共做3組）

運動效果 本動作叫做蹲起（Squat），是最具代表性的下半身運動。若能下蹲至與地板平行的程度，能更強力地刺激到大腿內側。

準備姿勢 站著，雙臂舉至肩膀高度交叉，兩腳打開與肩同寬。

緩和動作
參考第81頁的第12項

腳尖要向外。

POINT

1 一面吸氣一面下蹲，注意腰部
打直，蹲下後膝蓋不要超過腳
尖，這時吐氣並在最低點停留
3秒鐘，之後接做動作2。

POINT

膝蓋不要超過腳尖。

✕

注意事項：膝蓋過於彎曲，使膝蓋位置
超過腳尖，會增加膝蓋關節的負擔。

2 身體重心放在腳
跟上，一面挺直
腰部一面站起，
這時吸氣，並重
複動作1。

運動部位

豎脊肌

後

POINT 下巴要貼到地。

在做動作的過程中，
腳要立著，不要歪倒。 **POINT**

緩和動作
參考第81頁的第9項

1組

≫

12次（共做3組）

運動效果 這是能使眼睛看不到、容易被疏忽的背部、腰部和臀部，同時得到刺激的動作。因為這些部位平時使用較少，所以一定要配合做伸展運動，以避免腰部受傷，對肌肉的延展也好。

準備姿勢 俯臥在地板上，大腿固定地貼緊地板。

1

使肩膀盡量遠離地板地抬起上身，這時吸氣並在最高點停留3秒鐘，之後接做動作2。

POINT 指尖要盡量用力向腳尖方向伸。

2

肩膀、背部和腰部放鬆，一面吐氣，一面慢慢地回到地板上，之後重複動作1。

注意事項：脖子不要向後仰，視線要向前。

運動部位

腰側和臀大肌

前　後

POINT

身體與視線呈一條直線。

1組

≫

左右各15次
（共做3組）

運動效果 這是能同時刺激腰側和臀部的動作。尤其是可以塑造出性感的Y形骨盆曲線。

準備姿勢 扶著椅子傾斜上身，抬起一側腿，腿部應伸直。

緩和動作
參考第83頁的第5項

1 下腹部和臀部保持緊縮，吐氣，一面將腿向側面用力踢出。在最高點停留3秒鐘，之後接做2。

POINT

踢出的腿要與地板保持水平，才算完成動作。

注意事項：如果上身不傾斜的話，腰側的肌肉就無法收緊，使運動效果下降。

2

POINT

不要把身體的重量放在手腕上。

腰側繼續保持緊張地，一面吸氣，一面慢慢將腿放下至起始支點，之後直接接做1。

青花魚教練的獨家塑身好習慣

1 每天早晨空腹運動30分鐘

服完兵役回來後，我的體重突然增加，身體也感覺笨拙了許多。所以從那時起，我就養成了每天早上慢跑30分鐘的習慣。空腹時進行有氧運動，較其他時候，減肥的效果更為明顯。因為經過一夜，胃中的食物已經消化得所剩無幾，在這時運動，就能直接消耗掉體內的脂肪。

具體的運動方法如下：起床後先喝一杯白開水或綠茶（我個人是喝一杯冰的黑咖啡，但這有可能會增加胃的負擔，所以並不適合每個人），然後以時速7公里的速度，慢跑30分鐘。含有咖啡因的綠茶或咖啡，有助於分解脂肪和恢復疲勞，故能更進一步地擴大減肥效果。但是，運動後的空腹感會變得愈加強烈，如果這時食物的攝取量也隨之增加，反而會產生反效果。因此，雖然空腹運動效果最佳，但如果你沒有足夠的信心抵禦運動後的強烈飢餓感，可以嘗試在運動前30分鐘，將一根香蕉、兩個煮雞蛋白，再加入少量冰塊，用攪拌機攪拌均勻後喝下，再開始跑步。或者也可以在運動結束1～2小時後，用豆腐、蘑菇、沙拉等，富含蛋白質和氨基酸的食材，做成早餐來吃。

2 運動時每隔10分鐘喝一口水

你一定常聽到「如果運動時感到口渴，不要忍著不喝水」這樣的建議。適量的水分攝取，有助於體內老廢物質的有效排出，也關係到肌肉的生成。不過也不要因為口渴就大量喝水，因為這樣反而會增加胃部的負擔。正確的方法是，運動時每隔10分鐘喝一口水；重量訓練結束後，再補充充足的水分。

3 有事不能運動的日子，也要堅持做這三個運動

不要因為有事不能去健身房就徹底不運動了。以我個人的經驗為例，如果某天無法去健身房運動，我也會在家中堅持做三種運動：第一個是俯臥把腿放在矮椅子上，做50

個伏地挺身。這個姿勢由於腿部被抬高，自身的體重也變成負重的一部分，所以可以更有效地鍛鍊到胸部、手臂和肩膀。第二個是俯臥雙手和雙腿都放在椅子上，做10個懸空伏地挺身。這種懸空伏地挺身，比平地上進行伏地挺身要難得多，對胸部下方肌肉的塑形非常有幫助。最後一個是站著兩腿交替側踢，左右各20次。這個動作不僅可增加腹部和腰側的彈性，對下肢的鍛鍊，也非常有效。

4 休息的日子，也一定要做伸展運動

如果每週運動3天，那就要充分休息3天。在休息的日子裡，每天也要做30分鐘的伸展運動，因為這樣能更擴大前一天的運動效果。這也是專業運動員的運動法則之一。就我個人來説，我非常喜歡做伸展運動，每天起床後第一件事就是，左右腿各伸展數次；然後雙腿打開，上身左右拉伸；還有就是向前彎腰手搆地，或是躺著伸懶腰等等。這些都是非常基本的伸展運動，至少要做5～10分鐘。除了這些基本動作外，再加入一些高強度的伸展動作的話，對塑造勻稱的身形更加有效。

5 吃對生長肌肉有幫助的雞胸肉汁

要想擁有肌肉型的身材，必須規律地吃以蛋白質和蔬菜為主的三餐，並改掉吃零食的習慣。不過在特別的、要塑身的時候，則需要在食譜上做到更嚴格的食醫療法。在重量訓練的食譜中時常出現的雞胸肉汁，對健身的人來説，是最棒的營養補充劑了。減肥時吃的雞胸肉汁，和長肌肉時吃的雞胸肉汁，是不同的。下面介紹的雞胸肉汁是以增長肌肉為目的的。

（1）**運動前吃的雞胸肉汁**：煮雞胸肉1塊（約100克）、香蕉一根半、蜂蜜1小匙、冰塊適量，全部放入攪拌機攪拌，攪拌均勻即可。

（2）**運動後吃的雞胸肉汁**：煮雞胸肉兩塊（約200克）、香蕉一根、冰塊適量，全部放入攪拌機攪拌，攪拌均勻即可。此外，這時還要搭配聖女番茄、青椒、洋花菜等蔬菜一起食用。

6 有意識地24小時
維持腹部的緊張感

如果你不希望你的皮帶釦眼一加再加，就要逐一改掉日常生活中的各種習慣，即使它很微不足道。電影演員車勝元，每週做5次腹肌運動，就是為了這個目的，我也一樣。我除了運動時維持腹部的緊張感之外，平常我也是時刻有意識地腹肌用力，同時刺激肌肉，這是我的習慣。坐在椅子上的時候，只要稍微有空閒，我就併攏膝蓋，抬起雙腿至胸部，利用時間做運動。睡覺前，我也會在床上，讓腹部緊縮地慢慢反覆地做仰臥起坐。有時我還會猛擊幾下腹肌來刺激肌肉。洗澡時我會保持腹部用力，抹肥皂時也刻意由下往上塗抹。這些看似微不足道的生活習慣，只要持續地做，也能獲得僅次於全套運動的效果。其實，如果你能保證時刻繃緊你的身體，這就表示你具備了成為健美型男的資格了。

7 音樂和運動服的選擇也要慎重

運動時如有輕快的音樂相伴，不但不易使你感覺疲勞，還能引導你按照有規律的節奏和正確的速度來完成動作。就我個人來說，我喜歡在進行重量訓練時聽音樂。這種音樂能讓我不自覺地興奮起來，鮮明的節拍也能幫助我更好地完成動作。另外，我建議大家運動時一定要穿合適的衣服，不是要大家穿昂貴的健身專用服，而是要大家把自己打扮得好看些，這樣會看起來更有精神。運動服適合你，會讓自己更賣力運動，會更有成就感。如果是和很多人一起練習，可以刻意穿一些緊身或稍微裸露的服裝，以此引起別人的注意，想到有人在旁邊注視著你，就不容易半途而廢，而且會更集中精神地做好動作。

8 用半蹲的姿勢洗臉，順便運動下半身

如果行程或工作繁忙的話，要確保規律準確的運動時間，就會有些困難。尤其是下肢的運動，時常無法進行，因此，我努力地在日常生活中找一些姿勢，想用它們來代替下肢運動。最具代表性的姿勢就是，在盥洗枱前採半蹲的姿勢（參考102～103頁）來洗臉。這個姿勢，除了大腿內側以外，對臀部和整個下半身的肌力提升，都非常有幫助。此外，半蹲的姿勢會讓臀部用力、收緊，還可運動到括約肌，對提高男性性功能也非常有效。

9 要想成為健美型男，一瓶飲料都要慎重選擇

我國專為運動人士提供的運動專用飲料，比起外國來說，算是少的。果汁也由於含糖量太高而要多加注意，如果實在很想喝，就選不含任何添加物的番茄汁這類糖分較低的飲料。另外，可樂或汽水等碳酸飲料也要遠離。取而代之的是，要養成喝可以吸收到豆類蛋白質的豆漿的習慣，因為這樣可以提高製造肌肉的效果。在辦公室喝咖啡，即使一杯，也不要加糖或奶精，要以黑咖啡或沖綠茶粉來代替，因為這兩樣飲品不但不會增肥，而且因為裡面含有咖啡因，反而會有效地幫助分解體內的脂肪，可謂是一舉兩得。

10 躲不掉的飯局，要小心吃喝

對於正在運動的人來說，最大的煩惱之一就是那些無法躲掉的聚餐或酒局。就我來說，也時常遇到這種進退兩難的邀請。每當這時，我都會用一些小對策來應付這種局面。譬如，在喝酒的間隙拼命喝水，油膩的食物盡量不碰，或是多吃以豆腐和蔬菜為主、比較清淡的下酒菜。水具有稀釋酒精的作用，頻繁出入洗手間也自然地躲掉了很多喝酒的機會，好處多多。有人可能會說：「就為了健身，值得嗎？」可是，只有這樣，我們才能擁有和電影《300壯士》中的戰士們一樣的壯碩身材啊！其實做任何事都是如此，有獲得必有付出。這是顛撲不破的真理。

Step 2

多角度肌肉塑形

本章節將以多角度的刺激，來使肌肉更加均衡勻稱。
兩週後，肌肉的輪廓會變得更加鮮明。

執行守則

—STEP1計畫結束後，再開始做STEP2。

—訓練兩週，每週3次。

—啞鈴要選擇以能夠用力舉起20次的重量為宜。

—每組之間休息20秒，每次做3組。

—緩和動作要在進行下一組運動前完成。

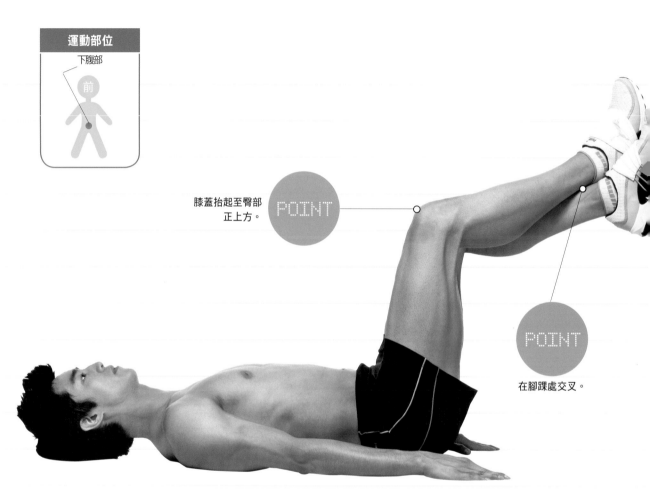

運動部位

下腹部

前

膝蓋抬起至臀部
正上方。

POINT

POINT

在腳踝處交叉。

1組

8次
（共做3組）

運動效果 這個動作不是單純的抬起、放下腿而已，而是在抬腿的同時連臀部也抬高，給腹部下側更強的刺激。每組之間休息不超過15秒，休息時間短，效果會更好。

準備姿勢 身體平躺不要左右晃動，雙手貼地撐著，彎曲膝蓋抬至臀部正上方。

1 腰部完全離開地板地抬起臀部。這時吐吐氣,並感覺下腹向頭部方向拉緊,停留3秒鐘後接做動作2。

POINT　利用腹部的力量抬高臀部。

2 一面吸氣,一面慢慢將臀部放下至接觸地板,到達最低點後重複動作1。

注意事項:注意臀部貼著地板時,小腿不能下垂。

腹部 上身左右扭轉

運動部位

上腹部和側腹部

前

小腿保持不動。

POINT

POINT

膝蓋彎曲呈90度。

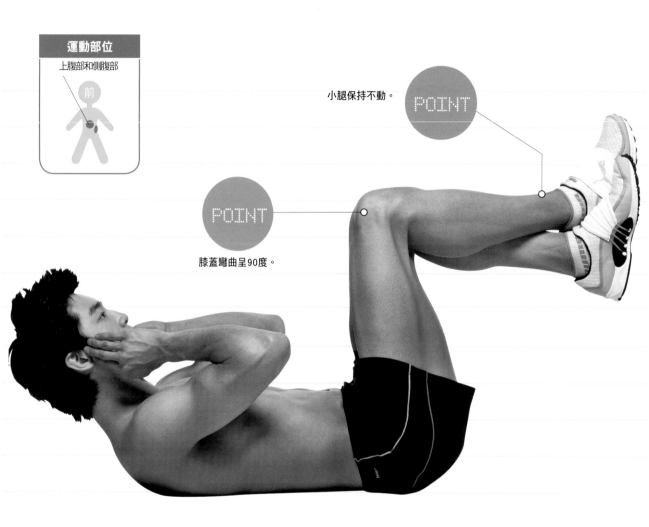

1組

⌄

12次

（共做3組）

運動效果 這是半仰臥起坐（參考第63頁）的進階動作。雙腿抬起保持不動，雖然減少了上半身轉動的範圍，但因為能使腹部維持更加緊張的狀態，所以運動效果更大。

準備姿勢 身體平躺，雙手放於耳前，頭部抬起離開地板。雙腿抬起，在腳踝處交叉。

1 抬起上身，將一側手肘像要碰另一側膝蓋一樣地側轉上身。這時吐氣並在最高點停留3秒鐘，接著吸氣，並恢復至起始姿勢，接做動作2。

POINT

上身下落後，
肩膀也不要接觸地板。

注意事項：膝蓋彎曲的角度不要小於90度。

2 用相同的方法，反方向再做一次，這樣才算是做完一次。重複動作1。

腹部 V字抬腿

運動部位

下腹部

前

1組

15秒
（共做3組）

運動效果 為更有效地塑造腹肌，這個動作不但能運動到腹肌，並擴大肌肉的可動範圍。在腹部處於最緊張的狀態時，要靜止姿勢數秒。

準備姿勢 身體半躺在地板上，用手肘和手掌撐住地板，將上身立起。

POINT 手肘位在肩膀的正下方。

緩和動作
參考第83頁的第7項

不要憋氣，
保持正常呼吸。

1

雙腿伸直，雙腳併攏抬起。
在最高點停止15秒，之後接
做動作2。

2

一面吐氣，一面慢慢將腿放
下至地板。休息30秒後再重
複動作1。

注意事項：雙腿抬高的角度小於45度
的話，會使力量集中在腰部，而不是
腹部，會增加腰部負擔。

運動部位

胸大肌下側

頭

整個身體呈45度角。

POINT

45。

緩和動作
參考第81頁的第8項

1組

10次
（共做3組）

運動效果 利用椅子是為了增加運動的強度。身體懸空後，整個身體就還要再負重自身的體重，這樣會加大運動的效果，胸肌下側（運動的核心部位）的曲線，也會看起來更漂亮。

準備姿勢 兩把椅子相對放好，一手抓住一側椅子的邊緣，雙腳則搭在另一側椅子上。

1 雙膝併攏，雙肘慢慢彎曲，上身慢慢往下降。這時吸氣，並在最低點靜止3秒鐘，之後接做動作2。

POINT

手肘一面向外推一面彎曲。

注意事項：椅子不能和身體太靠近，如果上半身過於垂直，力量就會分散至肱三頭肌上。

2 一面 吐氣，一面 利用胸部、肩膀和肱三頭肌的力量，將雙肘伸直至微微彎曲，抬起上身，再重複動作1。

運動部位

前三角肌

前

POINT

手肘要微微彎曲。

1組

⌄

12次（共做3組）

運動效果 這個動作可有效鍛鍊肩部的三角肌前束，使連接肩膀和手臂的部位，呈現出鮮明的線條。如果感覺啞鈴的重量較輕，可雙臂同時進行。

準備姿勢 取站姿，雙腳打開與肩同寬，手握啞鈴置於身體前方。

1

一面吸氣，一面將一隻手臂抬高
至肩膀的高度，在最高點停留3秒
鐘，再慢慢放下。這時吐氣，並
直接接做動作2。

POINT

用肩膀的力量舉啞鈴，
不要用手腕的力量。

注意事項：手肘不要完全伸直，要保
持微彎狀態，以減少關節負擔。

2

另一隻手臂按照同樣
的方法來做，這樣才
算做完一次。然後重
複動作1。

肩部 前傾上身側舉啞鈴

運動部位

三角肌後束

頭

1組

10次
（共做3組）

運動效果 三角肌後束的力量比前束和側束的力量稍弱。這個動作可以讓未能完成均衡發達的肩膀後側肌肉，使它發達。做動作的時候，注意不要利用身體的反作用力，這樣可能會使腰部受傷。

準備姿勢 坐於椅上，身體前傾，腰部打直，手握啞鈴，雙臂自然下垂。

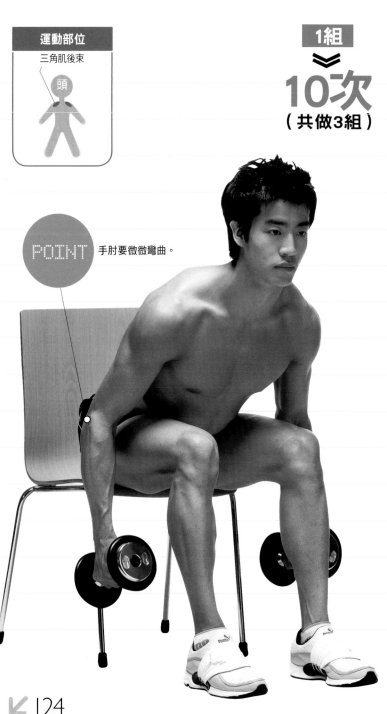

POINT 手肘要微微彎曲。

緩和動作
參考第80頁的第5項

1 一面展開雙臂上抬，抬高到手肘到達肩膀的高度，一面吸氣。在最高點停留3秒鐘，之後接做動作2。

POINT 手腕要打直。

2 手肘微彎地慢慢將手臂放下至快碰到大腿。這時吐氣並直立刻重複動作1。

注意事項：手肘伸至肩膀後面的話，就變成背部運動，而使效果降低。

運動部位

肱二頭肌

前

肩部放鬆,自然下垂。

POINT

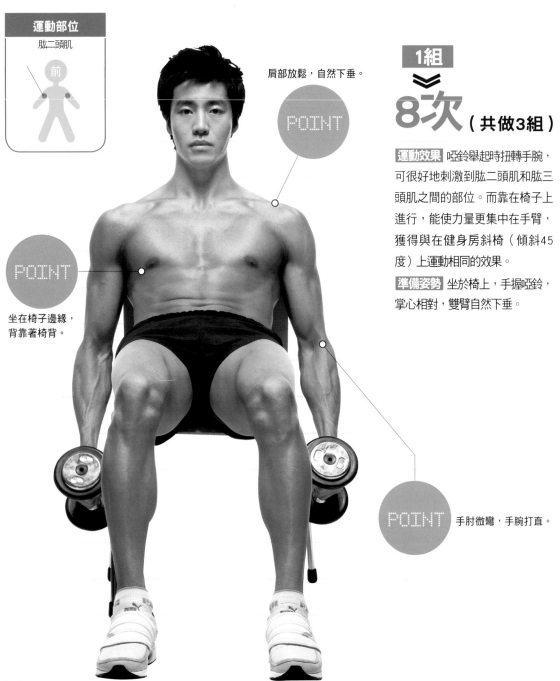

1組

8次(共做3組)

運動效果 啞鈴舉起時扭轉手腕,可很好地刺激到肱二頭肌和肱三頭肌之間的部位。而靠在椅子上進行,能使力量更集中在手臂,獲得與在健身房斜椅(傾斜45度)上運動相同的效果。

準備姿勢 坐於椅上,手握啞鈴,掌心相對,雙臂自然下垂。

POINT

坐在椅子邊緣,背靠著椅背。

POINT 手肘微彎,手腕打直。

1 一面吐氣，一面將啞鈴舉至肩膀的高度，在最高點將手腕向身體內側扭轉，停留3秒鐘後，一面慢慢放下啞鈴一面吸氣。接著直接換另一隻手重複相同的動作，這樣算做完一次。

2 一面吐氣，一面將啞鈴舉至肩膀高度，在最高點停留3秒後，慢慢放下啞鈴，一面吸氣，並直接換另一隻手重複相同的動作，這樣算又做了一次。

注意事項：手肘不固定的話，會增加肩關節的負擔，並使肩關節受傷。

127

運動部位

肱三頭肌

後

1組

左右各12次
（共做3組）

運動效果 手臂向後伸是較為吃力的動作之一，不過卻能快速增大肱三頭肌，在短時間內，塑造出強壯手臂的外型。

準備姿勢 一手握啞鈴，手肘貼緊腰側，保持不動。

POINT 上臂要與地板保持平行。

緩和動作
參考第80頁的第7項

POINT 不要用肩膀的反作用力。

1 手肘固定不動,手臂向後完全伸直。這時吐氣,並在最高點停留3秒鐘,之後接做動作2。

2 一面吸氣,一面慢慢放下手臂,直到手肘彎曲呈直角,之後立刻重複動作1。

注意事項:上半身不可立起。

運動部位

股四頭肌和股二頭肌

前　後

POINT　做動作時上身挺直。

1組

12次（共做3組）

運動效果 這個動作可運動到整個腿部肌肉，尤其是大腿前端的股四頭肌。同樣的動作也可以將啞鈴換成槓鈴扛在背上做，但可能會對腰部造成壓力，所以用啞鈴來熟悉正確的動作更好。

準備姿勢 肩膀和手臂放鬆，直立。

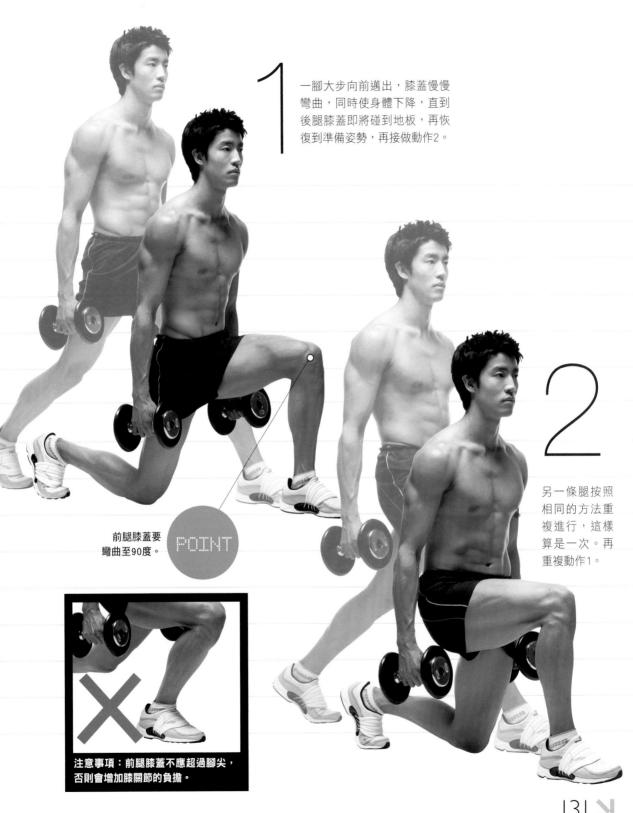

1 一腳大步向前邁出，膝蓋慢慢彎曲，同時使身體下降，直到後腿膝蓋即將碰到地板，再恢復到準備姿勢，再接做動作2。

2 另一條腿按照相同的方法重複進行，這樣算是一次。再重複動作1。

前腿膝蓋要彎曲至90度。

POINT

注意事項：前腿膝蓋不應超過腳尖，否則會增加膝關節的負擔。

運動部位

大腿內側和整個下半身

前 後

1組

12次
（共做3組）

運動效果 這個動作在增加臀部和大腿彈性的同時，對強化下半身肌力也很有幫助。剛開始不要太快，要慢慢地專注並熟悉運動的部位。

準備姿勢 雙腳打開到兩倍於肩膀的寬度。腰部打直，臀部向後坐。

膝蓋和腳尖要向外。

POINT

緩和動作
參考第81頁的第12項

POINT

膝蓋不能超過腳尖。

1

交握的雙臂向下伸直，同時身體向上跳起。跳到最高處時，要有意識地向內收緊臀部和大腿，再接做動作2。

2

一落地立刻彎曲膝蓋，恢復至準備姿勢，之後重複動作1。

POINT

跳起時腳尖要向地板。

注意事項：雙腿張開的幅度過窄的話，跳起時臀部肌肉就不能好好收緊。

運動部位

整個背部

後

1組

15次
（共做3組）

運動效果 透過上下左右的拉伸動作來刺激背部肌肉。隨著上身傾斜的角度不同，所刺激到的部位也不同，以45度為基準，大於45度則用到背部下方的肌肉，小於45度則會刺激到背部上方的肌肉。

準備姿勢 上半身前傾，臀部向後撅起，手握啞鈴放於身體的兩側。

緩和動作
參考第81頁的第9項

POINT

膝蓋不應超過腳尖。

1

手肘向後抬起至肩膀的
高度，這時吸氣，並緊
縮肩膀，停留3秒鐘後，
接做動作2。

2

肩膀和手臂放鬆
，一面吐氣，一
面慢慢放下啞鈴
至膝蓋旁，之後
重複動作1。

POINT

要維持腰部打直、
臀部向後挺出的姿勢。

注意事項：做動作時，注意背部不要
彎曲，上半身也不要後仰。

腰側 上身左右傾

運動部位

腰側和腹側

前

POINT

肩膀和手臂要放鬆。

1組

16次（共做3組）

運動效果 此練習既能使腰部得到充分的拉伸，還能減少贅肉。單手握啞鈴，另一隻手放在耳後，做完一側後再做另一側，也能獲得同樣的效果。

準備姿勢 身體直立，雙腳打開與肩同寬，手持啞鈴自然放於體側。

緩和動作
參考第83頁的第5項

1
一面吸氣，一面利用腰側的力量傾斜上半身，在最低點停留3秒鐘後，一面吐氣，一面並恢復原直立姿勢，並直接接做動作2。

脖子自然地擺動。

POINT

2
相反的方向再重做一次，這樣算一次。再重複動作1。

注意事項：注意運動時上半身不要前傾或後仰。

好好了解蛋白質補充劑

什麼是蛋白質補充劑？

「一面吃藥一面運動，會變成什麼樣的健美型男啊？」相信不少人會提出這樣的疑問。我要強調的是，蛋白質補充劑絕對不是藥，它是一種高濃縮的功能性營養品，能夠有效補充對肌肉生長起決定性作用的蛋白質，健身時適量攝取，將有效促進肌肉的形成和生長。一般的食物被身體吸收消化需要一定的時間，而蛋白質補充劑能夠非常快速地被身體吸收。

蛋白質補充劑裡都含有哪些物質？

蛋白質可分為植物性蛋白質和動物性蛋白質兩大類。以從大豆中提取的大豆蛋白質為代表的植物性蛋白質，能夠促進雌性激素的分泌，適宜女性服用。男性則適合服用有助於雄性激素分泌的動物性蛋白質。最常推薦的蛋白質食品有雞蛋和牛奶，雞蛋蛋白質的吸收要花兩小時以上，而從牛奶中萃取的乳清蛋白質，它的吸收速度就快多了，所以市場上販售的蛋白質補充劑，大多都是由這種乳清蛋白質製成的產品。除了蛋白質以外，這些蛋白質補充劑中還添加了人體必需的食用纖維、鈣質、維生素、鐵質等成分，可有效維持體內的營養均衡。補充劑中含有的蛋白質種類和特點如下：

乳清蛋白質（Whey Protein）：一般純度為45～60％，比乳漿蛋白質的吸收率高。

濃縮乳清蛋白質（Whey Protein Concentrate）：純度為64～80％，一般被當作蛋白質補充劑的材料來使用。

分離乳清蛋白質（Whey Portein Isolate）：純度達到88～93％的高級蛋白質。

水解乳清蛋白質（Hydrolyzed Whey Protein Isolate）：在蛋白質純度和吸收速度上堪稱首位，但價格昂貴。它由分離乳清蛋白質加工而成，一般稱為WPH。

氨基酸（Amino Acid）：是一種純度幾乎為100％的蛋白質，但攝取補充劑時，只單純攝取氨基酸並不是明智的選擇。

什麼時候吃，吃多少最有效？

一般來說是在運動後服用一次，睡覺前30分鐘至1小時服用一次，一天兩次即可。運動結束後最好在一小時內服用蛋白質補充劑，這就像體內如果水分流失就會感到口渴，需要立刻喝水一樣，運動後必須及時補充蛋白質，才能促進肌肉的恢復和生長。另外，由於夜間是肌肉生長最為活躍的時期，所以入睡前30分鐘至1小時最好再服用一次。服用時，一般用水沖服即可，但也有以功能性飲料（選擇含糖量低的）沖服的，會吸收得更快的說法。

蛋白質補充劑沒有副作用嗎？

剛開始吃蛋白質補充劑時，大部分人會產生腹瀉的現象，嚴重的還需立刻就醫，或需要專業健身教練來調整服用量。事實上，如果身體沒有特別的異狀的話，這些都屬於身體適應蛋白質補充劑階段會產生的一般症狀。建議大家剛開始按照正常用量的1/2來服用，然後再慢慢增加。需要注意的是，不要因為急於求成，就過量服用蛋白質補充劑，這樣不但會引起腹瀉等副作用，嚴重時還會對關節產生不良影響。

選擇哪種補充劑比較好？

以我個人的經驗來說，在運動初期，對補充劑的了解不足，所以完全不考慮其他成分，只相信無條件地多攝取碳水化合物，就有助於增大肌肉；多吃蛋白質，對肌肉塑形有幫助，就服用了蛋白質補充劑。不過這是錯誤的選擇法。雖然蛋白質是促進肌肉纖維細胞生長的必要物質，但我們還要根據鍛鍊的目的，即：是要增加肌肉的大小？還是要促進肌肉塑形？來調整碳水化合物、蛋白質和脂肪的比例。如果想讓肌肉變得更大，則比例是5：3：2比較適宜，如果想使肌肉線條更加鮮明，則3：5：2的比例更為合適。另外，我們不能只注意蛋白質和碳水化合物的含量，還要考慮到能幫助緩解肌肉疲勞、增強肌肉的維生素和鈣的含量，要選擇調和了這些成分的補充劑才對。

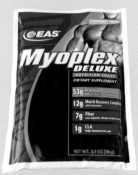

青花魚教練吃的是Myoplex補充劑。它含有鈣質和維生素等五大營養素。小袋包裝便於攜帶。

塑造各部位肌肉
立體感的集中運動法

Part

結束了前面介紹的
兩階段運動計畫後，
我們要提高難度，
開始針對各個部位做集中鍛鍊。
從「王」字腹肌開始，
到結實的大腿，
最後到細緻的小肌肉，
從而塑造出勻稱好看的健美身材。

考慮到形狀的
各部位集中運動

打造鮮明「王」字腹肌

腹部肌肉是由腹直肌（上身前屈時會使用到的肌肉，位於腹部肌肉的正面）、腹橫肌（與多裂肌共同收縮，使肚臍內收的動作，提供脊椎的穩定，位於腹部深處呈橫向左右排列）、腹外斜肌（上身左右扭轉時會使用到的肌肉，位於腹部側面上部）和腹內斜肌（位於腹部側面下部）所組成，只有這些部位均衡地運動到，才能打造出由外腹斜肌支撐腹直肌所形成的「王」字腹肌。

腹部運動時有兩點非常重要，一是盡量縮短休息時間，二是做動作時要慢，使腹部長時間保持緊張感。另外，腹部運動還需要有一定的強度，僅有「腹部擰緊」的感覺還不夠，還要達到「肌肉馬上就要抽筋」的感覺才算到位。與其他部位相比，腹部更容易堆積脂肪，所以每週至少需運動5次，才有效。

打造「王」字腹肌的過程並不容易，不過大家可能不知道，「王」字腹肌並不是經過運動而新形成的，而是不管男女老少每個人天生就已具有的，之所以看不出來，是因為它被皮下脂肪給覆蓋住了。不過值得慶幸的是，腹部既是容易堆積脂肪的地方，也是最容易消耗、分解脂肪的地方。只要我們搭配做對分解脂肪有效的有氧運動，少吃易堆積皮下脂肪的速食、油炸食品和過鹹食品，不暴飲暴食，改掉這些不良的飲食習慣，就能在更短的時間內實現擁有「王」字腹肌的夢想。

胸肌的形狀比大小更重要

胸肌是由覆蓋胸腔到鎖骨的胸大肌和胸部內側深處的胸小肌所組成。胸部肌肉是人體最大的肌肉群，根據「重量訓練應從最大塊的肌肉開始」這一原則，胸肌一般是要先於其他部位來進行運動的。男士們最常做的胸部運動是伏地挺身和平椅躺推（躺在平椅上向上舉槓

鈴），但只靠這兩項運動就能夠塑造出完美的胸肌嗎？答案是NO。這兩項運動只能增大胸肌，但無法從多個角度塑造胸肌的線條。胸肌的大小並不重要，重要的是肌肉形狀。我們應該通過變換啞鈴推舉的角度和練習椅的傾斜角度，從不同的角度來刺激胸部肌肉，從而打造出大小適中且富有彈性和曲線美的性感胸肌。

塑造出靈活的肩肌

肩部肌肉由三角肌、前束、側束和後束組成，是控制手臂前後左右360度轉動的重要肌肉群。特別是，幾乎所有的上身運動都會用到肩部肌肉，所以如果肩部肌肉不夠發達，其他部位的運動強度也會受到限制，從而影響到整個運動效果。但是，如果過度運動肩部，會使靠近肩部的斜方肌異常發達，這樣脖子就會看起來又短又粗，影響美觀。

運動肩部時，重點應放在發達三角肌的前束、側束和後束上，並要時刻注意不要讓斜方肌用力。塑肩的另一個要點是，要用槓鈴來培養肌肉，用啞鈴來塑造肌形。將槓鈴上舉至超過肩膀高度的這個運動，可以使肩部骨骼變寬；用啞鈴，則可有效增加肌肉的密度。

打造二頭肌三頭肌線條清晰的強壯手臂

男士們在運動時，最專注的部位就是手臂。臂部肌肉是由肱二頭肌（由兩塊肌肉組成）、肱三頭肌（由三塊肌肉組成）和控制手腕運動的肱橈肌所組成。肱三頭肌比肱二頭肌要大，發達的速度也更快，因此在運動時，必須按照肱二頭肌和肱三頭肌各自的生長速度，針對性地來進行鍛鍊。我們要打造的不是粗壯的手臂，而是肌肉線條鮮明的手臂。

臂部肌肉還扮演幫助胸肌和背肌運動的輔助角色，因此要注意，不要在運動胸肌和背部肌肉前，進行臂部肌肉的運動。因為臂部肌肉屬於小肌肉群，如果臂部力量耗盡，胸肌和背肌的運動效果也會大打折扣。

塑造堅實的臀部和大腿，使腿看起來修長

臀部肌肉是由臀大肌和臀中肌組成，被稱作是支撐上半身的第二個支柱，可見它是很有力的。完美的臀部應具備的條件是：沒有贅肉、臀部上半部有肌肉、向上翹的形狀。不過隨著年齡的增長，臀部也是最容易下垂的部位，所以要持續地去運動它。因為臀大肌關係到整個腿部的活動，所以我們可以將腿部和臀部作為一個整體一起作鍛鍊。另外，大腿可大致分作前股四頭肌和後股二頭肌，在進行大腿運動時，應先運動大腿前後內外肌肉中比較弱的肌肉，並慢慢提高運動強度；而比較發達的部位，則應減少重複運動的次數和組數，以此來平衡發達部位和欠發達部位的生長速度，確保肌肉的均衡生長。通過系統化的下半身運動，臀部會自然而然地上翹，這樣腿部不但看起來變長了，而且因為有了更為強壯的下半身作支撐，上半身的運動也會獲得事半功倍的效果。另外，當臀部和大腿用力的瞬間，括約肌也會隨之收縮，所以也能有效延長勃起時間。

塑造出男人的象徵——倒三角形背部

背部肌肉由眾多寬厚的肌肉組成，其中需要特別關注的是位於肩膀骨頭下方的闊背肌、骨頭內側邊上的斜方肌，以及脊椎兩側的豎脊肌。要想打造出理想的背部肌肉，必須充分使倒三角形的基礎部位——闊背肌和豎脊肌發達起來，並使背部肌肉的線條更加鮮明才行。背部肌肉的大小和形狀不太容易改變，所以需要長時間持續地運動。很多男士太熱衷於胸部肌肉的塑造，而忽略了背部肌肉的運動，因此擁有完美背部的男士並不多見。因此如果有耐心來面對挑戰的話，就能感受到其他部位無法獲得的成就感。

需要注意的是，錯誤的背部運動可能會使你的腰部受傷，所以運動時要確保正確的姿勢和適中的強度，強度過大會使背部肌肉過度發達，看起來相當笨拙。

運動前一定要記住的事項

1 可以單獨地做各部位運動，也可同時做數個運動

運動時，我們可以針對較弱的部位，按照各部位的運動計畫來分別進行，也可以將希望鍛鍊的幾個部位的運動計畫連起來進行，這兩種方法都沒有問題。同時運動兩個部位以上時，要遵循大肌肉群（胸部、背部、腿部）先於小肌肉群（肩部、臀部）的運動原則。因為如果在進行胸部運動前先做手臂運動，那麼疲勞的手臂就會影響之後胸部運動的效果。所以重量訓練時，要先從不易疲勞的肌肉部位開始會更有效。

2 腹部運動任何時候都要最先進行

「從大塊肌肉開始運動」這一原則的例外是，腹部運動必須先於其他任何部位的運動。因為腹肌運動最重要的一點就是，要長時間保持腹肌的緊張感。所以我們在運動一開始就先進行腹肌運動，這樣在整個重量訓練的過程中，腹部都能維持著緊張度。

3 腹部運動每週至少5次，其他部位每週2～3次

休息和運動同樣重要，因為疲勞的肌肉是需要時間恢復的。這裡介紹的運動計畫，都是透過好幾種運動，來集中刺激同一個部位的肌肉，所以我們要將肌肉恢復的時間充裕地定為兩天。不過腹部肌肉恢復的速度最快，因此腹部運動至少要每週做5次，天天做效果更佳。

4 保證姿勢的正確，盡力達到目標次數

與其急於在短時間內打造出完美肌肉，就任意增加組數，或只注重次數而不注重動作正確與否，還不如做的次數少，卻集中全力做好每個動作，來得更有效。

5 充分利用各種器械進行重量訓練

已完成前面的兩階段運動計畫，或是對重量訓練已有一定程度熟悉的朋友，可以透過更多樣的運動法，來進一步「雕琢」你的肌肉。使用固定器械來做動作時，注意即使重量較重，也要保證姿勢的「正確」，這樣才有幫助。

打造立體的「王」字腹肌及
性感「Y」字骨盆曲線

區分	腹部運動施行守則
目標	使上腹部、下腹部和側腹部的肌肉均衡發達，使腹外斜肌很好地支撐腹直肌，從而塑造出立體的「王」字腹肌。
運動次數	腹部易堆積脂肪，因此每週至少進行5次。
組數	腹部運動的強度較大，因此一開始兩週每個運動做兩組，從第3週開始做三組。
運動中休息	為了保持腹部肌肉的緊張感，最好要連續地做動作。休息時間盡量縮短，以每組之間休息10秒，進行下一個運動前休息30秒為宜。
訓練要點	1. 進行腹部運動時動作要慢，這樣可以連腱劃也一併刺激到，效果更佳。動作過快不但不能感受到腹肌的收縮，還有可能導致腰部受傷。 2. 即使無法完成規定的運動次數，也要確保姿勢的正確。 3. 如果感覺運動的部位不正確，可以將手放在腹部上，確認位置後再繼續。 4. 為了強化腹部運動，培養和腹部關係密切的背部和腰部肌肉的力量，也是很重要的。 5. 為了減少因運動腹部而加諸於腰部的負擔，要同時做腰部的伸展運動（參考83頁第7項動作） 6. 一定要配合做有氧運動。如果體內脂肪不減少，腹部運動的效果就減半。要想減掉腹部贅肉，在進行腹部重量訓練後，至少要做30分鐘的有氧運動。
注意事項	腹部運動時很容易引起腰部和頸部的疼痛。所以做所有動作時都是用腹部的力量，而且各運動結束後，一定要做伸展運動，以預防疼痛產生。

腹部 打造「王」字腹肌

運動部位

上腹部

前

1組

⌄

15次

（共做3組）

運動效果 如果在健身房，能利用讓脖子靠著的器具，將上半身抬起，這樣能給予腹部正確的刺激，同時頸子也不會感覺痠痛。如果在家，可以在後頸部墊塊厚毛巾，雙手抓住毛巾的邊緣抬起上身，也能達到同樣的效果。

準備姿勢 身體平躺在器具上，下巴向內收緊。抬高雙腿，腳放在支架上。

眼睛看向肚臍方向。 POINT

1

一面用腹部的力量
吐氣，一面將上半
身向上抬起，使身
體呈C字形。在最
高點停留3秒鐘，
之後接做動作2。

2

保持腹部肌肉的緊張
度，一面吸氣，一面慢
慢將上身緩緩放下，回
到起始位置後，重複動
作1。

腹部 減掉下腹贅肉

1組

⌄

10次
（共做3組）

運動效果 上身不動，只活動腿，這動作能使下腹部有彈性，而且用手肘撐住上半身，也能減輕腰部的負擔。剛開始時，可以感覺腹部肌肉的活動，同時慢慢做動作。動作熟練之後，最好每次練習時都能賦予這個動作一些新的變化，這樣也有助於你順利度過健身的停滯期。

準備姿勢 身體半躺在地板上，用手肘和手掌撐著，固定上半身。

POINT　手肘位在肩膀的正下方。

1 一面吐氣，一面屈起一條腿。在最高點停留3秒鐘，然後腳尖用力地將腿伸直放下，在接近地板前立刻接做動作2。

POINT

自始至終
腿都不能碰到地板，
要維持懸空的狀態。

2 換另一條腿重複做相同的動作，這樣才算一次。立刻重複動作1。

腹部 增強腹肌力量

運動部位
整個腹部

前

POINT

視線向著正前方。

1組

∨

15秒
（共做3組）

運動效果 在做腹肌運動時，腹肌時而拉長，時而收縮，所以在這中間必須穿插腹部繃緊靜止不動的姿勢，因為判斷腹部運動有無效果的決定性因素，就是「腹肌最收緊的狀態能維持多久」。做起來會稍微吃力，但它卻是增強腹部力量、使肌肉有彈性的最佳方法。

準備姿勢 身體俯臥，雙臂彎曲貼於體側，手掌撐地。

1 肩膀放鬆，用手肘和手掌的力量將整個身體抬起，只有腳尖碰地，維持這個姿勢15秒鐘。自然地呼吸即可。

POINT **身體盡量保持水平。**

注意事項：**臀部不要抬過高或過低。**

2 恢復至準備姿勢，休息30秒後，再重複動作1。

腹部 消除腰部贅肉

運動部位

側腹部

前

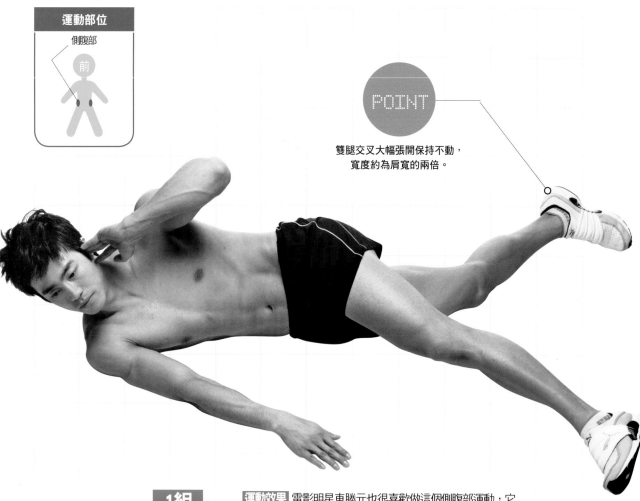

POINT

雙腿交叉大幅張開保持不動，
寬度約為肩寬的兩倍。

1組

左右各**10次**
（共做3組）

運動效果 電影明星車勝元也很喜歡做這個側腹部運動，它可以很容易地減掉腰側贅肉，並使肌肉有彈性，塑造出更立體的腹肌。它不是單純地抬上身而已，還包含了扭抬的動作，做的時候會更加強刺激。

準備姿勢 身體側臥，用一側的肩膀和手掌撐地，雙腿交叉伸直。

1
手肘靠向臀部幾乎碰到地，快速側抬上身，並扭轉。這時吐氣，並在最高點停留3秒鐘，之後接做動作2。

POINT

手撐住地即可。

POINT

自始至終脖子都要抬著。

注意事項：側抬扭身時，要用腹部的力量而不是手的力量。

2
一面吸氣，一面慢慢放下上半身，恢復到準備姿勢後，立即重複動作1。

腹部 打造性感「Y」曲線

運動部位

恥骨肌

前

1組

20次

（共做3組）

運動效果 隨著低腰褲的流行，男人的腰腹部曲線也越來越受到人們的關注。而恥骨肌就是使男士腹部變得更立體和性感的核心部位。身體扭轉的這個動作，具有強化和腹部相連的腰部和脊椎肌肉的效果。

準備姿勢 身體直立，雙腳打開與肩同寬，雙手握拳置於胸前。

1 一面將一側膝蓋快速抬高至肩膀，然後放下，一面「呼」地吐一口氣。一面注意用腹部的力量，不是腿的力量。然後直接接做動作2。

POINT　力量集中在抬起的那條腿上。

POINT

腰側要收緊到最大極限。

注意事項：上半身不向膝蓋傾斜的話，這樣會減少對腰側的刺激。

2 抬起的腿一放下，立刻換另一條腿做相同的動作，這樣算一次。再重複動作1。

塑造線條優美、結實有力的胸部

區分	胸部運動施行守則
目標	透過變換姿勢的高低和舉啞鈴角度的變化，從多個角度刺激並增強胸部肌肉。目標是打造出大小適當、線條清晰的方形胸部。
運動次數	運動後休息兩天，每週做2～3次。
重量選擇	每組重量依次遞增，以第一組能做20次，第二組能做18次，第三組能做15次的重量為準。
組數	4個運動，每個運動做三組。三組是對肌肉成長最有效的運動量。
運動中休息	每組之間休息30秒。進行下一個運動前，休息1分鐘。
訓練要點	1. 運動時胸部要始終保持展開，這是很重要的。如果是躺在地板上或練習椅上進行運動，腰部要微微抬起，以能伸進一隻手掌的高度為宜，這樣胸部就能自然展開，從而確保姿勢的正確。 2. 要保持正確的呼吸法，胸部展開時吸氣，收縮時吐氣。長時間的錯誤呼吸，會造成肺部的不適。 3. 胸大肌是身體面積最大的肌肉。如果和其他部位的運動同時進行，需遵守「從大塊肌肉開始鍛鍊」的原則，最先做胸大肌運動（但是腹部運動例外，要先於胸部運動）。 4. 胸部運動時，常會一起刺激到肱三頭肌，所以同一天也一起做肱三頭肌運動的話，效果會減少。
注意事項	如果啞鈴過重，手臂和手腕等小塊肌肉，有可能因無法承重使啞鈴掉落而受傷，要特別注意。

胸部 使胸大肌堅實發達

運動部位

整個胸大肌

前

1組
⌄
12次
（共做3組）

運動效果 基本的胸部運動，只是使胸肌更大，更結實而已。而用啞鈴代替位置固定的槓鈴，則可以運動到更多肌肉，從而達到使小肌肉發達起來的效果。

準備姿勢 身體平躺，雙手舉起啞鈴，雙臂抬高到肩膀的高度。手肘離開地板微微懸空。

POINT　手掌朝向腳尖的方向。

POINT　確認手肘彎曲的角度呈90度。

1 舉起啞鈴，同時將整個手臂掌心朝臉地向內扭轉。這時吐氣，並將啞鈴放在胸部正上方，停留3秒鐘，直接接做動作2。

POINT

手肘不要完全伸直。

胸部肌肉要有向內撐緊的感覺。

POINT

2 吸氣，將掌心轉向腳尖地放下啞鈴，恢復至準備姿勢，重複動作1。

注意事項：舉啞鈴時不要越過頭部，以免使力量分散至肩膀，而使效果降低。

胸部 使胸大肌更具立體感

運動部位

胸大肌上部

前

1組

⌄

12次（共做3組）

運動效果 傾斜45度角地坐在椅子上，會自然地集中刺激到胸大肌上方。以45度角為基準，角度越小，運動到的胸部肌肉越多；角度越大，就變成肩部運動了，這點要牢記，要集中在正確的部位用力。

準備姿勢 下巴收緊地坐在椅子上，啞鈴舉起至胸部正上方，兩個啞鈴並排。

45°

POINT

腰部微微挺起，以能放進一隻手掌的高度為宜。

下巴要保持向內收緊的狀態。

手肘向外彎曲，下降至肩膀的高度。這時吸氣，並在最低點停留3秒鐘，之後接做動作2。

不要利用身體反作用力地將啞鈴慢慢推起至胸部正上方。這時吐氣，到最高點後重複動作1。

163

胸部 塑造結實的胸肌輪廓

1組

12次

（共做3組）

運動效果 鬆弛下垂的胸部不僅是女性，也是男性的煩惱。胸大肌下方的肌肉如果有彈性的話，胸部不但不會下垂，胸肌的輪廓也會非常鮮明。躺在向下傾斜角度大於45度的椅子上運動，會刺激胸部下方的肌肉。

準備姿勢 躺在椅子上，兩臂張開握住槓鈴，張開的寬度約為肩寬的兩倍。將槓鈴舉至胸部上方。

POINT

大拇指放在槓鈴下方，作支撐。

1 用胸部（不是用手臂）的力量來支撐，同時慢慢將啞鈴拉下至快要碰到胸部下方的地方。這時吸氣，並在最低點停留3秒鐘，之後接做動作2。

2 一面吐氣，一面將槓鈴推起。這時盡量不要用身體的反作用力，到達最高點後，立刻重複動作1。

POINT

手肘不要完全伸直。

165

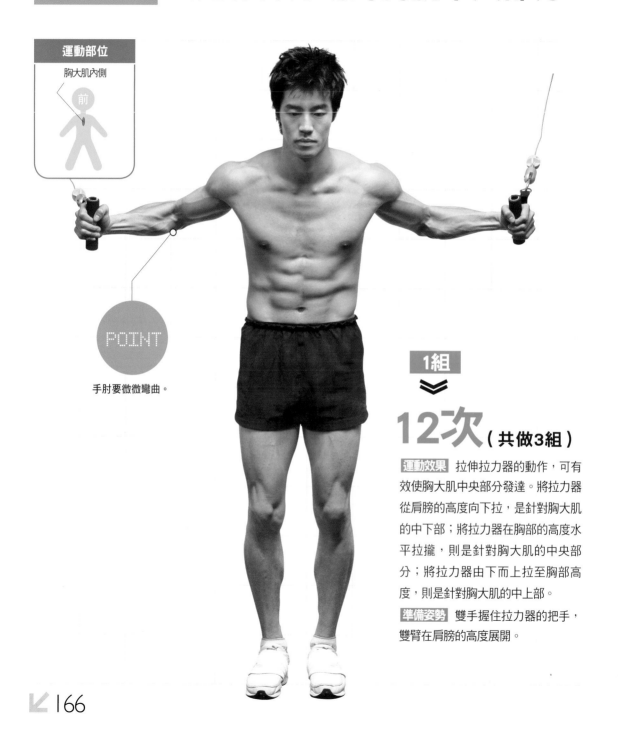

胸部 塑造線條分明的胸肌中央部分

運動部位

胸大肌內側

前

POINT

手肘要微微彎曲。

1組

12次（**共做3組**）

運動效果 拉伸拉力器的動作，可有效使胸大肌中央部分發達。將拉力器從肩膀的高度向下拉，是針對胸大肌的中下部；將拉力器在胸部的高度水平拉攏，則是針對胸大肌的中央部分；將拉力器由下而上拉至胸部高度，則是針對胸大肌的中上部。

準備姿勢 雙手握住拉力器的把手，雙臂在肩膀的高度展開。

腰要打直，背部盡量不要彎。

1

胸部肌肉有擰緊感覺地將拉力器拉向下腹部前方並聚攏，這時吐氣，並在最低點停留3秒鐘，之後接做動作2。

從頭到尾胸部都要保持展開的狀態。

2

一面用胸部的力量支撐，一面將雙臂慢慢展開，抬高到肩膀的高度。這時吸氣，到達最高點後，然後重複動作1。

167 ↘

打造靈活的
肩肌和強壯的手臂

區分	肩部運動施行守則	臂部運動施行守則
目標	均勻發達肩部三角肌前束、中束、後束。	最近健身的趨勢已不崇尚魁梧的手臂，而是著重在能夠清晰看出肱二頭肌和肱三頭肌的線條輪廓。
運動次數	運動後休息兩天，每週做2～3次。	運動後休息兩天，每週做2～3次。
重量選擇	以第一、二組能做15次，第三組能做20次的重量為準。	每組重量依次遞增，以第一組能做20次，第二組能做18次，第三組能做15次的重量為準。
組數	3個運動，每個做三組。第一、二組是為了增大肌肉，所以重量要稍重，做的速度也要快。第三組是為了肌肉塑形，所以選擇合適的重量慢慢做即可。	3個運動，每個做三組。
運動中休息	每組之間休息30秒。進行下一個運動前休息1分鐘。	每組之間休息30秒。進行下一個運動前休息1分鐘。
訓練要點	1.因為肩膀周圍有易感覺疲勞和痠痛的肩胛骨，所以在每組間的休息時間，要做肩膀的伸展運動，以減輕疲勞（參考80頁第5、6項）。 2.和胸部、背部、手臂的運動不要放在同一天進行，因為肩部肌肉和所有上肢運動都有關，如果同在一天進行，肩膀會無法得到充分的休息。可以做和肩部肌肉無關的腹部或下肢運動。 3.肩部不像胸、背肌肉那樣是大塊的肌肉，所以肌肉容易感覺疲勞。因此要嚴守休息時間，同時運動持續時間不要過長。	1.手臂的肌肉屬於小塊肌肉群，所以運動時間不宜過長，以免肌肉疲勞。 2.為了減輕肌肉的疲勞感，運動前後和每組運動之間一定要做伸展運動。 3.如果不能確定是否運動到目標肌肉，可將另一隻手放在手臂上來感覺肌肉的運動。 4.如果帶動手腕轉動的肱橈肌獲得強化的話，就能做更強的手臂運動。在家中可以做「擰毛巾」的動作，讓手腕瞬間用力，也能鍛鍊到肱橈肌。
注意事項	使用過重的重量，或用到身體的反作用力的話，都可能使腰部受傷，要注意。	手臂要在完全彎曲或展開之前才能動，盡量不要紓解手臂肌肉的緊張感。

肩部 使肩部肌肉更加有形

運動部位
整個三角肌

前　後

POINT 大拇指放在槓鈴下方。

1組

⋁

10次（共做3組）

運動效果 這是針對全部肩部肌肉作鍛鍊的最受歡迎的肩部運動。像這種將器械舉至肩膀上方的動作，不但能強化整個肩部力量，還可以增大加寬肌肉，塑造出更挺闊的肩膀。

準備姿勢 腰打直、胸部展開地坐著。雙臂張開至肩膀寬度的兩倍，握住槓鈴，並舉起至頭部上方。

1 將槓鈴從腦後拉下至耳朵的高度。這時吸氣,並在最低點停留3秒鐘,之後接做動作2。

2 用肩部(不是手臂)的力量,將槓鈴從耳後推舉至頭上方,這時吐氣,到達最高點後,立刻重複動作1。

POINT

手肘不要完全伸直。

171 ↘

肩部 強化整個肩部肌肉

運動部位

整個三角肌

前　後

POINT

另一隻手放在肩膀上，
感受肌肉的運動。

1組

左右各12次

（ 共做3組 ）

運動效果 這個動作不會使斜方肌發達，
只集中在使肩部增大，所以不必擔心會
給人留下脖子短的印象。此外這個動作
也能同時刺激到肩部的三角肌前、中、
後束肌肉群，使它們同時發達起來。

準備姿勢 單手握啞鈴，手肘彎曲上抬至
肩膀的高度。

1

盡量讓肩膀和手肘保持固定不動，只動前臂地慢慢放下啞鈴。這時吸氣，並在最低點停留3秒鐘，之後接做動作2。

POINT

肩部盡量保持水平。

POINT

手肘維持呈90度。

2

肩膀和手肘固定不動，只動前臂地將啞鈴舉起。這時吐氣，然後立刻重複動作1。

注意事項：啞鈴比肩膀低的話，會分散力量而使肩膀受傷。

173 ↘

肩部 打造魅力的背肌

1組

10次（共做3組）

運動部位

三角肌後束

前

運動效果 三角肌後束相對來說發達較緩慢，且因眼睛看不到故容易被疏忽，而這個動作是發達肩部後面三角肌的最佳動作。因為三角肌後束平時較少用到，所以運動時應注意器械不要過重，應該比運動前束和側束時的重量低，如器械過重則容易造成運動過度。

準備姿勢 坐在椅子邊緣，大腿懸空，身體前傾。雙手持啞鈴垂於體側。

頭部微微抬起。

POINT

手肘不要完全伸直。

POINT

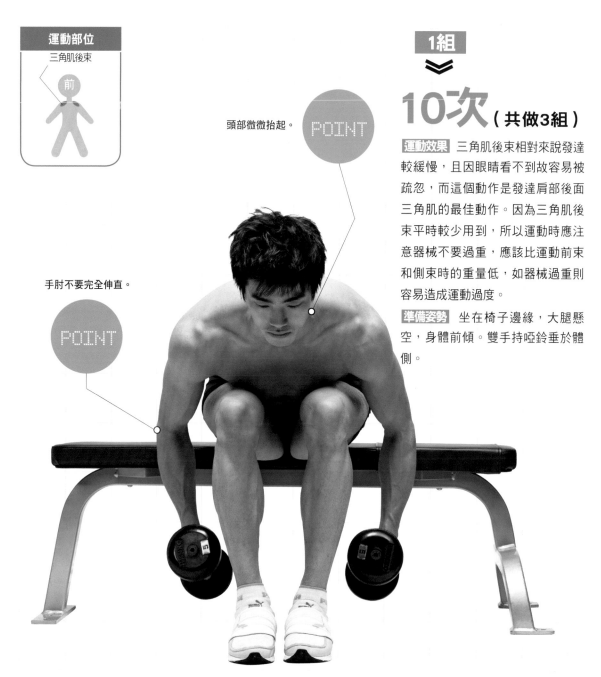

1

盡量用手肘來帶動整個手臂，慢慢將啞鈴抬高至肩膀高度，這時吸氣，並在最高點停留3秒鐘，之後接做動作2。

POINT

啞鈴應直直地上抬至身體兩側，注意不要移到身後。

2

吐氣並將啞鈴慢慢放下，恢復成準備姿勢，之後重複動作1。

臂部 塑造靈活的手臂肌肉

運動部位
肱二頭肌

前

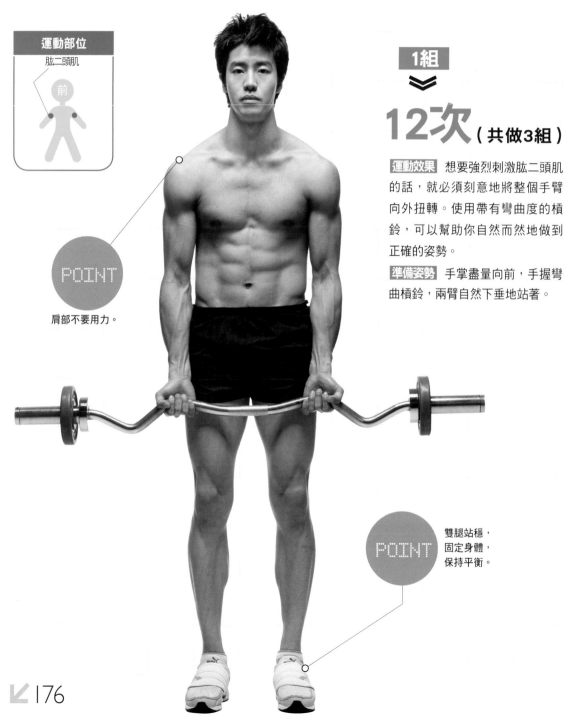

1組

12次 （共做3組）

運動效果 想要強烈刺激肱二頭肌的話，就必須刻意地將整個手臂向外扭轉。使用帶有彎曲度的槓鈴，可以幫助你自然而然地做到正確的姿勢。

準備姿勢 手掌盡量向前，手握彎曲槓鈴，兩臂自然下垂地站著。

POINT
肩部不要用力。

POINT
雙腿站穩，固定身體，保持平衡。

1

從肩膀到手肘要貼緊身軀，穩定不動地將彎曲槓鈴抬起至肩膀的高度。這時吐氣，並在最高點停留3秒鐘，之後接做動作2。

2

注意盡量不搖晃手肘地，將彎曲槓鈴慢慢放下，直到手臂完全展開。這時吸氣，到達最低點後，重複動作1。

POINT

手肘應保持固定不動。

臂部 使二頭肌和三頭肌的線條優美

運動部位

肱二頭肌和肱三頭肌之間

前

兩肩自然放鬆下垂。

POINT

1組

8次 （共做3組）

運動效果 如果區分肱二頭肌和肱三頭肌的界線清晰的話，臂部看起來就會較立體。扭轉手腕，可鍛鍊到肱二頭肌；如果手腕「一字形」地上舉，則可刺激到區分肱二頭肌和肱三頭肌的界線，使線條更明顯。坐在傾斜45度的椅子上，會使力量更多地集中在臂部，比直立的坐姿效果更佳。

準備姿勢 兩手握啞鈴，掌心相對。背靠在椅子上。

POINT

手肘微彎，手腕打直。

1 手肘固定不動，一面將啞鈴抬高至肩膀的高度，同時將手腕向身體內側扭轉。這時吐氣，並在最高點停留3秒鐘，之後再一面吸氣，一面慢慢放下啞鈴。接著，另一隻手臂重複同樣的動作，此為完整的動作。

POINT 扭轉手腕，
使肱二頭肌收縮。

2 手肘固定不動，一面吐氣，一面以「一字形」將啞鈴抬高至肩膀的高度。在最高點停留3秒鐘，之後再一面吸氣，一面慢慢放下啞鈴。接著，另一隻手臂重複同樣的動作，此為另一完整動作。

臂部 鍛鍊三頭肌，塑造強壯手臂

肱三頭肌

後

腰打直，臀部保持
撅起的姿勢。

POINT

1組

12次（共做3組）

運動效果 如果你想塑造出結實有力
的手臂的話，就必須集中鍛鍊肱三
頭肌。比起肱二頭肌，肱三頭肌較
易增大也較易發達，短時間內就能
見到明顯的效果。

準備姿勢 兩手握住拉力器的把手，
雙手打開的寬度比肩膀的寬度略
窄。從肩膀到手肘要盡可能地貼緊
身側。

POINT

胸部展開，背部挺直。

1 手肘固定不動，將拉力
器向下拉，直到手臂完
全展開。這時吐氣，並
在最低點停留3秒鐘，之
後接做動作2。

POINT

視線向上。

2 手肘固定不動，將拉力
器向上升，直到手肘彎
曲呈90度。這時吸氣，
並在最高點停留3秒鐘，
之後立刻重複動作1。

POINT

如果肘部彎曲度超過90度，
則會縮減對肱三頭肌的
正確刺激。

性感的臀部和有力的大腿，
堅實的下半身是活力的象徵

區分	下半身運動施行守則
目標	透過臀部和大腿的複合刺激運動，塑造出上提的、有彈性的下半身，使腿部有視覺上的拉長效果。
運動次數	運動後休息兩天，每週做2～3次。
重量選擇	每組重量依次遞增，以第一組能做20次，第二組能做18次，第三組能做15次的重量為準。
組數	3個運動，每個運動做三組。三組是肌肉生長最有效的運動量。
運動中休息	每組之間休息30秒。進行下一個運動前休息1分鐘。
訓練要點	1. 做屈腿的動作時，容易對膝蓋的十字韌帶造成負擔，所以注意做動作時，膝蓋不要超過腳尖。 2. 腰部要打直。如果運動中腰部感覺疼痛，就要檢查一下姿勢是否正確。 3. 做動作時，腹部和腰部用力，能給大腿和臀部充分的刺激。 4. 選擇重量時，不要只單純地考慮腿部的承受力，也要考慮腰部和膝蓋關節的承重力。相對於其他部位的運動，下肢運動用到的重量會較重，所以上述部位的承受力，要更注意才行。
注意事項	運動下肢，腰部受傷的可能性大增，所以要隨時檢視身體的疼痛狀況，並配合做腰部伸展運動，預防受傷（參考83頁第7項）。

下肢 讓腿部肌肉線條分明

運動部位

股四頭肌、股二頭肌

前　後

POINT

肩部放鬆。

腳尖盡量向前。

POINT

1組

8次

（共做3組）

運動效果 這個運動會用到整個腿部肌肉，使大腿肌肉線條更鮮明，臀部更有彈性。因做動作時腿部要向前大步邁出，所以還能很好地拉伸腿部肌肉。

準備姿勢 雙手握啞鈴地站著。

1

一條腿向斜前方（大約45度）大步邁出，之後一面將膝蓋成直角彎曲，一面降低臀部。這時吸氣，並在最低點停留3秒鐘，之後直接接做動作2。

POINT

上身和視線也朝膝蓋彎曲的方向移動。

2

邁出的那條腿的腳尖，推地板地收回站直，恢復到準備姿勢。這時吐氣，另一條腿重複同樣的動作，此為一個完整動作。

POINT

將身體的重量，從前腿移至後腿。

注意事項：不能只有腿和視線向斜前方，上身仍向正前方。

185

下肢 驚人顯著的提臀效果

運動部位

臀大肌、股二頭肌

後

1組

⌄

12次
（ 共做3組 ）

運動效果 這個運動不但能使臀部有彈性，還能集中刺激到臀部和膝蓋之間的股二頭肌。這項運動還能增加跑步時踢跳的力量，使跑步速度加快，所以也是很多運動選手必練的動作之一。

準備姿勢 趴在器械上，腿和腳放在正確的位置上。頸部、頭部和上身放鬆，雙手輕握把手。

POINT

腹部肌肉用力，骨盆固定不動。

1 一面吐氣，一面將小腿上方的器械抬起至幾乎接觸臀部的位置，停留3秒鐘，之後接做動作2。

POINT

腳尖彎向膝蓋收起。

POINT

膝蓋朝向正面，不要向兩邊歪。。

2 一面吸氣，一面放下器械，讓腿展開，恢復至準備姿勢，之後立刻重複動作1。

POINT

如果把手握得太緊，會分散臀部的用力，而使運動效果降低。

下肢 持久力的象徵──堅實的大腿

運動部位

股四頭肌、股二頭肌

前　後

膝蓋不要超過腳尖。

POINT

1組

左右各6次
（共做3組）

運動效果 這是使大腿和臀部更有彈性的下肢運動，將重心放在一隻腿上，逐漸提高難度，以培養平衡感。如果一開始很難抓到平衡點，可以手扶一個高度到腰的物體來練習。

準備姿勢 將一隻腳放在另一隻腳上面，膝蓋微屈，掌握好平衡。兩手交叉置於胸前。

1

一面吸氣一面將臀部緩慢下降
至膝蓋呈90度角的高度。在最
低點停留3秒鐘後進入動作2。

POINT

腰部打直，
背部挺直。

90°

2

一面用整個腳掌用
力推地板，一面將
腰挺直起來。這時
吐氣，並立刻重複
動作1。

注意事項：如果膝蓋超過腳尖，可能
會導致膝蓋受傷。

修整細部小肌肉
塑造緊實的**倒三角形背部**

區分	背部運動施行守則
目標	闊背肌和豎脊肌，是塑造倒三角形背部的基礎，本運動的目標就是使這兩組肌肉更結實，線條更鮮明。
運動次數	運動後休息兩天，每週做2～3次。
重量選擇	每組重量依次遞增，以第一組能做20次，第二組能做18次，第三組能做15次的重量為準。
組數	3個運動，每個運動做三組。三組是對肌肉生長最有效的運動量。
運動中休息	每組之間休息30秒。進行下一個運動前休息1分鐘。
訓練要點	1.要鍛鍊背部肌肉，最基本的就是做像拉單槓這類的、利用自身體重來鍛鍊的運動法。它對減掉背部贅肉、增加肌肉彈性有顯著的效果。如果覺得拉單槓很吃力，可以先從增加在橫槓上懸掛的時間，培養出肌力後，再漸次增加拉槓的次數。 2.不要把重心全放在胸部運動上，而疏忽了背部肌肉的運動。考慮到身體的均衡發展，應合理分配胸、背肌肉運動的比重。 3.在做拉伸運動時，不要使用臀部的力量，應該要感覺到手肘向背後推出的感覺，這樣才能正確刺激到背部的肌肉。 4.隨著背部肌肉運動範圍的加寬，為防止運動時可能發生的受傷，運動前後和各組之間，要配合做伸展運動（參考81頁第9項）。 5.做動作時，腰部要始終保持打直，臀部也要向後挺出，類似鴨子的姿勢。
注意事項	最關鍵的就是姿勢的正確，臀部要挺出、腰部要打直，類似鴨子的姿勢。對初學者來說，這個動作有些吃力，但為了能達到預期的效果，一定要熟悉這個姿勢才行。

191 ↘

背部 增大闊背肌，塑造倒三角形背部

運動部位

闊背肌

1組

⌄

8次

（共做3組）

運動效果 這是可以有效刺激背部上方肌肉——闊背肌、培養上身肌力、塑造出卓越的背部肌肉的鍛鍊法。這是我們熟悉的「拉單槓」動作，但在實際操作中，因姿勢不正確，而無法獲得最佳效果的，大有人在。

準備姿勢 雙手緊握單槓，寬度約為肩寬的兩倍。膝蓋彎曲，身體懸垂。

POINT

腹部用力，做動作時姿勢不要變亂。

POINT

拇指握在單槓的上方。

POINT 胸部展開。

1

吸氣，視線向上，將身體向上
拉升，直到下巴碰到橫槓。這
時吐氣，並停留3秒鐘，之後
接做動作2。

POINT 手肘彎曲至最大限度。

2

一面吸氣，一面將
身體慢慢降下，恢
復至準備姿勢，之
後重複動作1。

背部 修整小肌肉，提高鮮明度

運動部位

整個背部

後

1組

12次

（共做3組）

運動效果 這是基本的背部運動。運動時注意腰部不要彎曲，臀部要向後挺出，胸部要展開，有點類似鴨子的姿勢。姿勢正確，可以獲得事半功倍的效果。

準備姿勢 腰部打直，胸部展開，臀部向後挺出。雙手輕握器械把手。

POINT

胸部向前挺，
肩骨收緊。

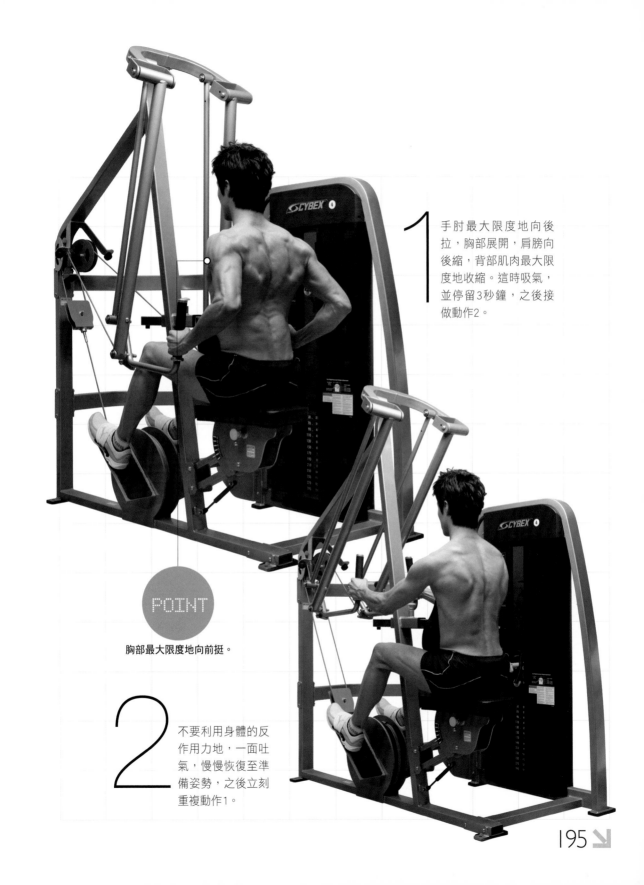

1 手肘最大限度地向後拉，胸部展開，肩膀向後縮，背部肌肉最大限度地收縮。這時吸氣，並停留3秒鐘，之後接做動作2。

POINT

胸部最大限度地向前挺。

2 不要利用身體的反作用力地，一面吐氣，慢慢恢復至準備姿勢，之後立刻重複動作1。

背部 增加下背部和腰的力量

運動部位

背部下方

後

膝蓋微微彎曲。

POINT

1組

⌄

10次（共做3組）

運動效果 這是以背部下方為中心，鍛鍊到脊椎、臀部、大腿等最多數的肌肉，以致培養出它們的韌性的動作。如果你能熟練掌握這個姿勢，那麼重量訓練所需要用到的所有姿勢，你都能完美做到。

準備姿勢 雙腳打開與肩同寬，上身前傾，雙手握住槓鈴，使槓鈴懸垂在膝蓋的高度。

手部完全放鬆。

POINT

1 腳跟和臀部用力，將槓鈴貼著大腿似的抬起，同時挺直上身。這時吐氣，並將小腹微微向前挺出，展開胸部，使背部肌肉最大限度地收緊。停留3秒鐘，之後接做動作2。

肩膀和手臂也放鬆。

POINT

2 一面將臀部向後挺出，一面恢復至準備姿勢，注意這時膝蓋不要超過腳尖。這時吸氣，立刻重複動作1。

熟男車勝元的特別塑身法

車勝元的Life Style？

MBC《星期天之夜》「車勝元健身俱樂部」節目主持人——車勝元，擁有令男人都羨慕的健美身材。雖然體形好多少帶有天生的成分，但不是所有天生體形好的人，就擁有好身材。「人的身體是不會造假的，你怎樣對待它，它就怎樣回報你。」這個原則，如實地反映在了車勝元的身上。身高187公分，體重77公斤，體脂肪13%，肌肉量60%，在這理想身材的背後，是他10年來不間斷地努力運動的結果。即便已經擁有了比以前具魅力的身材，他仍為打造更細緻的肌肉，而用心地鍛鍊著。身為演員，日程繁忙，常常工作得沒天沒夜，但即使時間如此緊湊，我還是常接到他的電話，相約一起去運動。他的那份熱情，連身為健身教練的我，都不禁自嘆弗如。

怎樣運動才能像車勝元那樣？

每週3次，每次50分鐘，是車勝元運動的準則。有針對性地進行各部位重量訓練，讓肌肉更細緻，是他運動的主要內容。不過就像前面說的，他已經有10年的經驗，重量訓練堪稱是專家了，因此他的運動方法對初學者來說並不合適。

像李允錫那樣，以運動大塊肌肉為主的初學者，如果要他連小肌肉都顧到地集中運動某部位，並變換兩三種動作，之後再換下一個部位，這樣可能會因運動過度而受傷。對無法正確認知刺激部位的初學者來說，一個部位好幾種運動一起做的話，不但費力，也不容易正確感受刺激，所以，肌肉運動必須先增加肌肉，像車勝元那樣塑造維持肌肉的過程，對初學者反而會造成傷害。

車勝元式運動法的核心要點是什麼？

1 **進行成組的訓練** 同一部位用不同的方式連續鍛鍊。例如，如果想鍛鍊腹部，就將上腹部、下腹部、側腹部練習作為一組，連續做15次後休息30秒，再重複做第二遍。這樣每個部位都能從多角度得到持續的刺激和鍛鍊。

2 **進行靜置運動** 這裡是指做每個動作時，當到達最大運動伸展點時的身體靜置支撐。也就是收緊鍛鍊部位，讓肌肉維持緊張感，這樣可以在短時間內給予肌肉強烈的刺激。尤其是每組的最後一次練習，更是要盡最大限度地支撐到不能再撐為止，然後再放鬆身體。但要注意的是，如果腰部有傷或比較脆弱，在做腹部運動時最好不要做靜置運動，以免造成身體受傷。

3 **每週3次，肌肉運動的時間不要超過50分鐘** 如果你不滿足於每週鍛鍊3次，總鍛鍊時間在一個半小時左右（包括伸展和有氧運動）的運動量，希望增加肌肉塑形的話，也要注意重量訓練的時間不應超過50分鐘。如果肌肉運動時間超過50分鐘，肌肉受損的可能性將大大提高。長時間的肌肉運動反而會使肌肉受傷，運動時間短些和準確些反而比較好。

「型男」到底是怎麼吃的？

健身的目的不是減肥，所以在飲食上沒有特別的禁忌。每日三餐以中式餐為主，但要最大限度地減少食鹽、白糖、白米和澱粉這四種白色食品的攝取量。另外，適量地服用一些營養劑和綜合維生素，也能補充日常飲食無法充分攝取的蛋白質和維生素。活動量少的日子，為了控制卡路里的攝取，可將三餐減少為兩餐。零食算是禁忌之一，吃零食還不如多吃些飯。如果飢餓感很強烈，可以吃少量的香蕉或蒸紅薯。

為了維持肌肉型的體質，運動前碳水化合物的攝取，和運動後、就寢前蛋白質的攝取，是非常重要的，不但時間要準確掌握，攝取量也要適當增加。運動後應立即補充運動時流失的營養素；就寢前攝取蛋白質，在睡眠時，也會繼續合成蛋白質製造出肌肉。因此，睡覺前一小時和運動後一小時內，一定要吃東西。車勝元也充分意識到蛋白質攝取的重要性，所以他常在運動後將煮熟的雞胸肉絞碎食用，或是飲用蛋白質補充劑。

在家鍛出肌肉的兩階段運動法

訓練方法

1～2週：每週按照STEP1訓練3次，每個練習做3組。
3～4週：每週按照STEP2訓練3次，每個練習做3組。
5～6週：每週按照STEP1訓練3次，每個練習做5組。
7～8週：每週按照STEP1訓練3次，每個練習做5組。

step 1 增加體內肌肉量的訓練

1 拉膝蓋
1組 12次
吐氣，將膝蓋向身體方向彎曲，停留3秒鐘；吸氣，放下雙腿，放下後腳跟不觸地。

2 伸臂仰臥起坐
1組 10次
吐氣，伸直雙臂搆向膝蓋，停留3秒鐘；吸氣，躺下。完成三組後做第13項伸展運動。

4 舉啞鈴
1組 12次
吸氣，手肘彎曲地展開雙臂，停留3秒鐘，併攏啞鈴。完成三組後做第11項伸展運動。

3 伏地挺身
1組 15次
吸氣，屈臂在最低點停留3秒鐘，還原，還原後手肘微彎。

5 啞鈴上推
1組 12次
吐氣，將啞鈴上推，停留3秒鐘；吸氣，放下啞鈴至眼睛的高度。

9 蹲起
1組 12次
吐氣，臀部撅起地下蹲，
停留3秒鐘後站起。完成三
組後做第10項伸展運動。

6 啞鈴側舉
1組 12次
吸氣，將啞鈴舉至
肩膀的高度，停留3
秒鐘；吐氣，放下
啞鈴。完成三組後
做第5項伸展運動。

10 俯臥抬上身
1組 12次
吸氣，抬起上身，停留3秒
鐘；吐氣，恢復原姿勢。
完成三組後做第12項伸展
運動。

7 啞鈴向內拉
1組 15次
吐氣，拉起啞鈴，停留3秒鐘後，
吸氣，放下啞鈴。

8 手臂向後屈
1組 10次
屈臂並吸氣，停留3秒鐘
後，吐氣並挺起身體。
完成三組後做第6項伸展
運動。

側踢
1組 左右各15次
腿向水平方向側踢，停留3秒鐘
後放下。完成三組後做第15項
伸展運動。

11

step 2 多角度肌肉塑形

4 懸空伏地挺身
1組 10次
吸氣，屈臂，停留3秒鐘後恢復至原姿勢。完成三組後做第11項伸展運動。

1 提臀
1組 8次
吐氣，腰部離地地抬起臀部，停留3秒鐘；吸氣，將臀部放下。

5 啞鈴向前舉
1組 12次
吸氣，手臂舉至肩膀的高度，停留3秒鐘；吐氣，放下，直接換邊做。

2 上半身左右扭
1組 12次
吐氣，抬起上身，停留3秒鐘；吸氣，恢復至原姿勢，換邊做。

6 啞鈴側舉
1組 10次
吸氣，展開雙臂，停留3秒鐘，放下至快要碰到大腿。完成三組後做第5項伸展運動。

3 V字抬腿
1組 15秒
抬腿並靜止15秒，放下，休息30秒。完成三組後做第13項伸展運動。

7 啞鈴交替舉

1組 8次

1. 吐氣，舉起啞鈴，同時將手腕向體內側扭轉，停留3秒鐘後放下。直接換邊做。

2.吐氣，將啞鈴舉至肩膀高度，停留3秒鐘後放下。直接換邊做。

10 蹲跳

1組 12次

臀部擺起半蹲，雙臂向下快速伸直並向上跳起，下落時立即屈膝半蹲。完成三組後做第10項伸展運動。

8 啞鈴後舉

1組 左右各12次

吐氣，向後伸臂，停留3秒鐘後放下。完成三組後第7項伸展運動。

11 啞鈴向後拉

1組 15次

吸氣，傾斜上身將啞鈴拉向腹部，停留3秒鐘，吐氣並放下。完成三組後做第12伸展運動。

9 屈膝

1組 12次

一腳大步向前邁出跪蹲，還原。接著換邊做。

12 傾斜上身

1組 16次

吸氣，傾斜上身，停留3秒鐘後，吐氣並回到原姿勢。接著換邊做。完成三組後做第15項伸展運動。

青花魚教練
教你打造
王字
腹肌
型男必備
專業健身書

著者	崔誠兆
譯者	彭韻雯
審訂	林郁超
美術編輯	許淑君、潘純靈
文字編輯	彭尊勝、劉曉甄
行銷企劃	洪仔青
總編輯	莫少閒
出版者	朱雀文化事業有限公司
地址	台北市基隆路二段13-1號3樓
電話	（02）2345-3868
傳真	（02）2345-3828
劃撥帳號	19234566 朱雀文化事業有限公司
e-mail	redbook@ms26.hinet.net
網址	http://redbook.com.tw
總經銷	成陽出版股份有限公司
ISBN	978-986-6780-66-0
初版一刷	2010.04
初版十刷	2013.10
定價	380元 / 港幣 HK$98
出版登記	北市業字第1403號

全書圖文未經不得轉載

本書如有缺頁、破損、裝訂錯誤，請寄回本公司更換

About買書：

●朱雀文化圖書在北中南各書店及誠品、金石堂、何嘉仁等連鎖書店均有販售，如欲購買本公司圖書，建議你直接詢問書店店員。如果書店已售完，請撥本公司經銷商北中南區服務專線洽詢。北區（03）271-7085、中區（04）2291-4115和南區（07）349-7445。

●● 至朱雀文化網站購書（http:// redbook.com.tw）。

●●● 至郵局劃撥（戶名：朱雀文化事業有限公司，帳號：19234566），掛號寄書不加郵資，4本以下無折扣，5～9本95折，10本以上9折優惠。

●●●● 親自至朱雀文化買書可享9折優惠。